日本轻松学技术丛书

图解机械工程入门

図解入門よくわかる最新機械工学の基本と仕組み

[日] 小峰龙男◎著　王山◎译

机械工业出版社

CHINA MACHINE PRESS

机械工程是一门典型的实用学科，全面覆盖了与制造业相关的广泛领域。本书以图解的方式和大量的实例，对机械工程的基础入门知识进行了全面的介绍，包括图样表达、材料和机械工程、力和运动、材料强度和形状、加工方法、机械的结构、机械和控制、流体和机械以及热和机械，旨在为读者提供一个关于机械工程的概览。本书对于即使没有专业知识的人也能轻松阅读和理解。

本书可供对机械工程感兴趣的人员自学参考，也可供大专院校机械工程学科各专业低年级学生入门学习。

ZUKAI NYUMON YOKUWAKARU SAISHIN KIKAIKOGAKU NO KIHON TO SHIKUMI
by Tatsuo Komine
Copyright © Tatsuo Komine，2021
All rights reserved.
First published in Japan by Shuwa System Co.，Ltd.，Tokyo.
This Simplified Chinese edition is published by arrangement with Shuwa System Co.，Ltd.，Tokyo in care of Tuttle-Mori Agency，Inc.，Tokyo through Copyright Agency of China Ltd.，Beijing.
This edition is authorized for sale in the Chinese mainland（excluding Hong Kong SAR，Macao SAR and Taiwan）.

此版本仅限在中国大陆地区（不包括香港、澳门特别行政区及台湾地区）销售。

北京市版权局著作权合同登记号　图字：01-2022-5384 号。

图书在版编目（CIP）数据

图解机械工程入门／（日）小峰龙男著；王山译.
北京：机械工业出版社，2024.9. --（日本轻松学技术丛书）. -- ISBN 978-7-111-76312-3

Ⅰ．TH-64

中国国家版本馆 CIP 数据核字第 2024NX1626 号

机械工业出版社（北京市百万庄大街 22 号　邮政编码 100037）
策划编辑：雷云辉　　　　　责任编辑：雷云辉
责任校对：郑　雪　张亚楠　　封面设计：马精明
责任印制：邓　博
北京盛通印刷股份有限公司印刷
2024 年 9 月第 1 版第 1 次印刷
148mm×210mm · 9.5 印张 · 298 千字
标准书号：ISBN 978-7-111-76312-3
定价：88.00 元

电话服务　　　　　　　　　网络服务
客服电话：010-88361066　　机　工　官　网：www.cmpbook.com
　　　　　010-88379833　　机　工　官　博：weibo.com/cmp1952
　　　　　010-68326294　　金　书　网：www.golden-book.com
封底无防伪标均为盗版　　　机工教育服务网：www.cmpedu.com

前　言

　　本书第一版自 2005 年出版以来，已经经过了多次印刷，现在第一版的基础上进行了全面修订，内容焕然一新。本书的目的是提供关于机械工程的概要指南，让读者感受到"这就是机械工程"，并且在阅读时不会产生厌倦。

　　机械工程是一门具有代表性的实用学科，涵盖了与制造相关的众多领域。此外，机械工程概念的内涵随着时代的发展和技术水平的提高而不断扩展，现在不仅包括了电子学，还包括信息处理等。为了加深对这些内容的理解，就必须尽可能多地获得实践经验。然而，很多事情是很难一蹴而就的。

　　在本书修订版的编写过程中，我们努力确保与第一版一样，读者只需要具备一般的自然科学常识即可阅读本书。然而，有时会突然出现一些难以理解的工程术语和观点，遇到这种情况时，只需要将这些段落作为一个整体来阅读，了解其大致概念即可。

　　本书仔细挑选了在专业实践之前即可理解的例子，希望各位读者能够通过本书对机械工程有一个大概的认识和了解，并希望读者在未来能够接受挑战，深入学习相关专业课程。

　　本书中的有些观点可能会被专业人员指出过于笼统和缺乏严谨性，我希望您能理解出版本书的目的，对于其中明显的错误，敬请您批评指正。

　　最后，感谢秀和株式会社的编辑团队，感谢他们给了我修订本书的机会，并将散乱的书稿编写成易于阅读的形式，衷心地感谢他们！

小峰龙男

目　录

第5章　材料的强度和形状

第6章　加工方法

第7章 机械的结构

第8章 机械和控制

第9章　流体和机械

第10章　热和机械

第1章

初次接触机械工程

　　我相信所有手里有这本书的人都出于某种原因，对机械工程感兴趣或者有需求。大家对机械工程这个词有什么样的印象呢？许多人可能认为它听起来总觉得很难。在本章中，我希望大家能对机械和机械工程有一个细致入微的了解。

机械的开始

随着人类的进化，人类从开始使用简单的工具，到可以将不同的零件组合在一起，形成由可运动零件组成的复杂系统，这就是机械的开始。

▶▶ 1. 运用智慧搬运石头

图 1-1 所示的杠杆是第一类杠杆，其特点是支点位于动力点和阻力点之间。图 1-1a 所示是将杠杆用于放大力的示例，图 1-1b 所示是将杠杆用于平衡和在空间中移动石头的示例，图 1-1c 所示是使用滚动体来移动石头的示例。

图 1-1 运用智慧搬运石头

a) 用杠杆把石头撬起

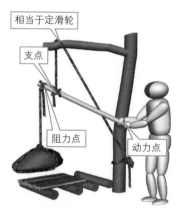

b) 用杠杆自由移动石头

c) 用滚动体来移动石头

2. 身边的杠杆和滚动体

图 1-2a 中挖掘机的斗杆是第一类杠杆，动臂是第三类杠杆，第三类杠杆的特点是支点和阻力点在动力点的两边。图 1-2b 所示的易拉罐压缩器属于第二类杠杆，其特点是支点和动力点在阻力点的两边。图 1-2c 所示为摩托车车轮，带有滚动体的车轮在路面上进行滚动运动，车轮由滚动轴承支承。

图 1-2　身边的杠杆和滚动体

a) 挖掘机(第一类杠杆、第三类杠杆)

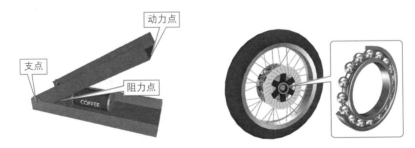

b) 易拉罐压缩器(第二类杠杆)　　　　c) 车轮和滚动轴承

1.2
从身边的物品开始思考机械

接下来，让我们以身边的物品为主题，从简单观察"是什么、为什么、如何做"来思考机械。

▶▶ 1. 各种各样的物品

图 1-3a 所示的智能手机和电脑是我们处理信息和通信不可或缺的设备和机械。图 1-3b 所示的剪刀和订书机是使用简单机械装置的典型文具。图 1-3c 所示的冰箱和洗衣机是典型的家用电器，它们接收电能并通过内部机构执行工作。图 1-3d 所示的家用电钻和手动搅拌机是内部机构几乎完全相同的机械，其中电动机的旋转由减速装置进行转换。图 1-3e 所示是电动助力自行车和汽车，电动助力自行车能够检测到人踩动自行车踏板的力度，并利用电动机的动力提供助力；汽车是我们生活中最普遍和最具代表性的机械，它将燃料的能量转化为轮胎的旋转运动，从而实现移动。

图 1-3　身边的物品

a) 智能手机和电脑

b) 剪刀和订书机

c) 冰箱和洗衣机　　　　　　　**d) 家用电钻和手动搅拌机**

e) 电动助力自行车和汽车

▶▶ 2. 结构和转换

图 1-4 所示为本节的概略原理图，机械通过内部的结构和机构，将外部输入的能量、运动和信息等进行处理并转换为输出。

图 1-4　结构和转换

能量、运动、信息等　—输入→　机械　结构和机构　—输出→　与输入不同的质量、形式和数量等

1.3

思考一下典型的机械

让我们从无论谁看了都会说"这一定是一台机械"的几个物品的共同点来思考一下机械的概念。

▶▶ **1. 典型的机械**

图 1-5a 所示的通用车床是以加工圆柱形产品为主的典型机床。它由加工所需的装置和部件组成，看起来非常坚固。图 1-5b 所示齿轮泵通过齿轮啮合来泵送液体，它是由齿轮、泵体和联轴器等机械元件组合而成的流体机械。图 1-5c 所示挖掘机的动臂和铲斗的运动看似复杂，然而，它们的运动是确定的，与作为驱动源头的液压缸的运动一一对应。

图 1-5　典型的机械

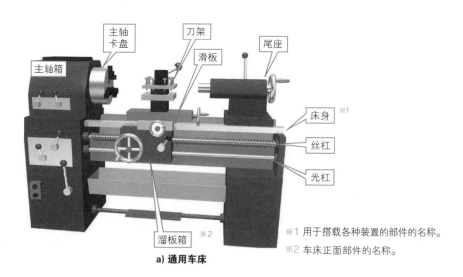

a) 通用车床

※1 用于搭载各种装置的部件的名称。
※2 车床正面部件的名称。

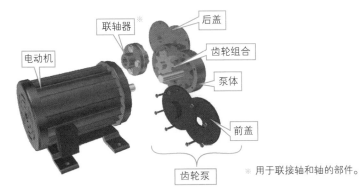

b) 齿轮泵

※ 用于联接轴和轴的部件。

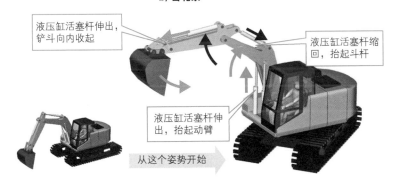

c) 挖掘机的运动

▶▶ 2. 组合和运动

机械是由机械元件等组合而成的坚固物体，将主动侧确定的运动转换为从动侧确定的运动，如图 1-6 所示。

> **图 1-6 组合和运动**

1.4

思考一下现代的机械

　　什么是机械？机械的定义会随着时代的技术和社会的发展而变化。思考一下周围环绕着各种物体的现代机械。

▶▶ **1. 没有运动部件的机械**

　　笔记本电脑是处理信息的机械，属于智能机械。目前为止，我们还可以在笔记本电脑内部找到执行运动的机械部件。但是，有一些型号的笔记本电脑（见图 1-7a）已经去除了基于电动机的冷却风扇（见图 1-7b），通过机身的铝制外壳和其他部件散热。大容量的存储设备正在从带有高速旋转磁盘的硬盘驱动器（见图 1-7c）向使用大容量半导体存储器的固态硬盘（见图 1-7d）转变。因此，类似于智能手机这样的完全没有电动机械运动部件的机械得到了广泛应用。

图 1-7　没有运动部件的机械

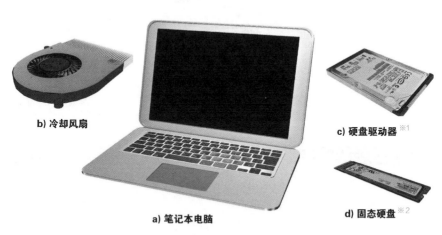

b) 冷却风扇

c) 硬盘驱动器[※1]

a) 笔记本电脑

d) 固态硬盘[※2]

[※1] 硬盘驱动器(Hard Disk Drive，HDD)为使用高速旋转磁盘的辅助存储设备。

[※2] 固态硬盘(Solid State Drive，SSD)为使用大容量半导体存储器的辅助存储设备。

▶▶ 2. 人工智能家电、物联网家电

家电商店出售的许多人工智能（AI*）家电的一个特点是它们能自主完成工作。在图 1-8 所示的产品中，能够感知状态的传感器和能够处理信息的计算机系统控制着电动机或者加热器等被控制对象。在图 1-8d 所示的扫地机器人中，有一些可以通过机器人自身在房间内四处移动，创建并记忆室内地图。此外，采用物联网（IoT*）技术（可将物品与互联网连接，并进一步与智能手机连接）的智能电器也越来越普及。

第 1 章 初次接触机械工程

图 1-8　人工智能家电、物联网家电

温度
湿度
风量
风向
人体感应
空气净化
…

a) 空调

温度
煮饭量
…

b) 电饭煲

衣物的量
衣物的材质
脏污程度
水量
洗涤顺序
…

c) 洗衣机

室内地图
规避障碍物
吸入强度
自动充电
…

d) 扫地机器人

▶▶ 3. 智能和机械

以本节介绍的家用电器为例，人工智能和物联网等技术正在机械设计、制造和运行等各个方面得到广泛应用，如图 1-9 所示。

图 1-9　智能和机械

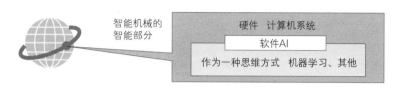

智能机械的
智能部分

硬件　计算机系统
软件AI
作为一种思维方式　机器学习、其他

＊人工智能（Artificial Intelligence，AI）指计算机系统可以模拟人类的识别、学习、推理、判断、计划等智能行为。

＊物联网（Internet of Things，IoT）技术指将互联网和物品相连的技术。

1.5

机械工程简介

机械工程是一门协调与制造相关的各个领域科学和技术的工程学科，接下来以此为基础来思考一下机械工程的大致内容。

▶▶▶ **1. 跨领域的制造业**

当今的制造业融合了多种不同的技术。其中，与其他学科融合最多的学科之一是机械工程。图 1-10 概括了当前制造业不可或缺的能源、环境和信息等。机电一体化（mechatronics）与机械工程直接相关，是 20 世纪 70 年代初发展起来的一种集机械、电子、控制和信息等于一体的技术。与传感器、微处理器和执行器（运动装置）一起，模糊控制和神经控制等控制方法极大地改变了传统机械控制的方向，被认为是当今智能机械的基础。

图 1-10 跨领域的制造业

▶▶ 2. 机械工程相关领域的例子

我们使用的很多东西都是通过机械制造出来的。如图 1-11 所示，机械工程直接或间接地涉及以下广泛的领域。

图 1-11 机械工程相关领域的例子

a) 船舶

b) 航空

c) 陆地交通工具

d) 发动机

e) 医疗器械

f) 生产系统

g) 能源

h) 建筑、土木

第 1 章 初次接触机械工程

1.6

机械运动和机构学

  根据基本零件的组合，机械的运动可以细分为各种有规律的运动。系统地研究机械运动原理的学科称为机构学。

▶▶▶ 1. 机械元件的例子

  如图 1-12 所示，构成机械最小单位的零件或组件称为机械元件。大多数的机械元件被标准化、规格化，具有可以在很多机械上使用的通用性。

图 1-12　机械元件的例子

a) 直齿轮　　　　　　b) 链条和链轮　　　　　　c) 螺栓和螺母

d) 滑轮和杠杆(轮轴和拔钉器)　　　　e) 轴和轴承(滑动轴承和滚轮轴承)

f) 联轴器　　　　g) 带轮(V带)　　　　h) 销和键(圆锥销和平键)

▶▶ **2. 机构**

　　如图 1-13 所示，通过组合机械元件而运动的装置称为机构，其中作为机构运动源的元件称为主动件，接收运动并输出运动的元件称为从动件，如图 1-13d、e 所示。连杆是指能够以杆状形式表示构件功能的机械元件。

图 1-13　机构示例（凸轮机构和连杆机构）

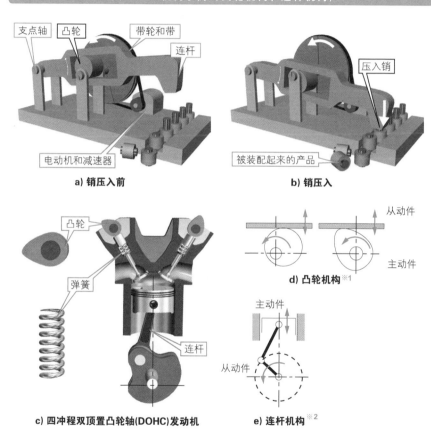

a) 销压入前　　　　　　　　　　　　b) 销压入

c) 四冲程双顶置凸轮轴(DOHC)发动机　　　e) 连杆机构[2]

d) 凸轮机构[1]

※1　将主动件的旋转运动转换为从动件的线性运动的凸轮机构示例。

※2　将主动件的线性运动转换为从动件的旋转运动的连杆机构示例。

1.7

力和机械工程

可以说，如何使用力是机械工程的基础。本书将从以下几个方面考虑力的问题。

▶▶ 1. 力和运动

图 1-14a 所示是液压升降机的示意图。当货仓的行程为 h 时，活塞杆的行程仅为 $h/2$。另一方面，液压缸需要 $F = 2w$ 的力来平衡货仓的重力 w。图 1-14b 所示是车辆在弯道上行驶时的力平衡情况。路面与水平面的横向角度 θ 称为坡度。坡度可以抵消车辆通过弯道时产生的向心力，使行驶中的车辆保持稳定。在铁路上，坡度由内轨和外轨之间的高度差来表示。研究这些力和运动的学科称为机械动力学。

图 1-14　力和运动

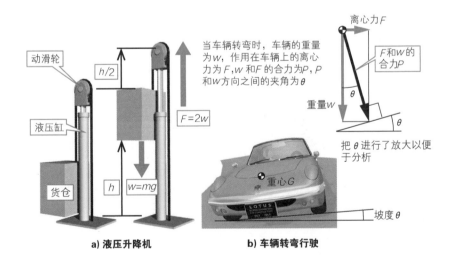

当车辆转弯时，车辆的重量为 w，作用在车辆上的离心力为 F，w 和 F 的合力为 P，P 和 w 方向之间的夹角为 θ

把 θ 进行了放大以便于分析

a) 液压升降机　　b) 车辆转弯行驶

2. 强度和形状

图 1-15a 中的铁轨和 H 型钢以及图 1-15b 中的便携式折叠椅都足够坚固，即使没有图中色块显示的部分，也能抵抗会使材料弯曲的载荷 F。载荷是作用在材料上的外力，研究材料强度的学科称为材料力学。图 1-15c 所示是东京塔的塔脚。东京塔由桁架结构组成，桁架以铆钉和螺钉等形式连接成三角形，具有很强的抗变形能力。用于三维结构的桁架称为立体桁架。立体桁架以平面上的半面桁架为基础，如图 1-15d 所示。研究结构强度和形状的学科称为结构力学。

图 1-15　强度和形状

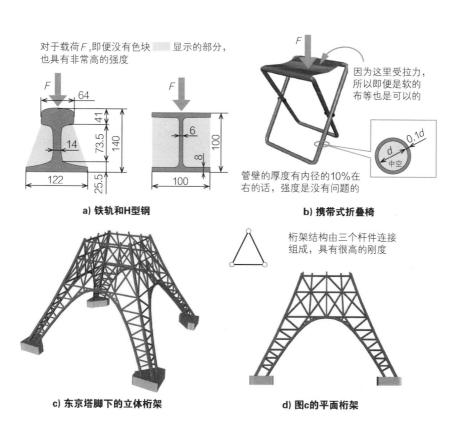

对于载荷 F，即便没有色块 ▨ 显示的部分，也具有非常高的强度

因为这里受拉力，所以即便是软的布等也是可以的

管壁的厚度有内径的10%左右的话，强度是没有问题的

a) 铁轨和H型钢　　**b) 携带式折叠椅**

桁架结构由三个杆件连接组成，具有很高的刚度

c) 东京塔脚下的立体桁架　　**d) 图c的平面桁架**

1.8

材料和机械工程

许多以前被认为必须由金属制造的机械零件和日常用品现在是由非金属材料制成的。机械材料在不断发展。

▶▶ 1. 厨房是一座金属的宝库

图 1-16a 所示叉子和勺子的材料是众所周知的不锈钢，它具有防锈的特点。图 1-16b 所示易拉罐则利用了铝这种代表性轻金属的轻、薄、可延展和坚固的特性。图 1-16c 所示铁壶是通过铸造的方式制造的，即通过将高温熔化的铸铁倒入模具中成型。图 1-16d 所示是具有高导热性的铜奶锅，是利用铜质地较软的特性，通过压制等成型方法制成的。图 1-16e 所示的陶瓷原本是陶器和其他烧制产品的名称，属于非金属复合材料，现在，通过烘烤和硬化金属粉末以提高其机械强度制成的精细陶瓷也用途广泛。

图 1-16　厨房中的金属

a) 叉子和勺子：不锈钢

b) 易拉罐：铝

c) 铁壶：铸铁

d) 奶锅：铜

e) 刀具：陶瓷(复合材料)

▶▶ 2. 从汽车看机械材料

机械制造中使用的所有材料都被称为机械材料。请看我们熟悉的机械——汽车所使用的材料,主要分为金属和非金属两大类,如图 1-17 所示。金属又分为铁基材料和非铁基材料。近年来,铁基材料中具有高强度的高强钢被广泛应用,包括用于汽车的高强度零件、部件和车身,为轻量化做出了贡献。玻璃、陶瓷、油脂和橡胶也是汽车所需的非金属材料。具有耐热性的高强度塑料称为工程塑料,可被用于制作齿轮和弹簧。

图 1-17　汽车中的机械材料

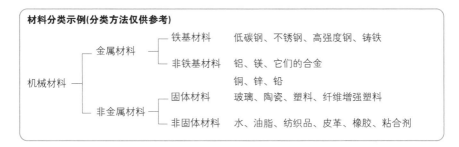

材料分类示例(分类方法仅供参考)

		铁基材料	低碳钢、不锈钢、高强度钢、铸铁
机械材料	金属材料	非铁基材料	铝、镁、它们的合金 铜、锌、铅
	非金属材料	固体材料	玻璃、陶瓷、塑料、纤维增强塑料
		非固体材料	水、油脂、纺织品、皮革、橡胶、粘合剂

1.9

控制和机械工程

操纵事物以达到所需的状态称为控制。由人执行的控制称为手动控制，而由电路或设备执行的、不需要人工干预的控制称为自动控制。位置、速度、温度、力、流量、电压、电流等，都可以是控制的对象。

▶▶ 1. 身边控制的例子

图 1-18a 所示的洗衣机必须关上洗衣机门才能开始工作，这是一个条件控制，使用关门的结果作为信号。如图 1-18b 所示，当洗衣机门关闭时，洗衣机会按照顺序执行一系列操作，这就是所谓的顺序控制。图 1-18c 所示的电热水壶是恒定值控制，它以设定温度为目标值控制加热器。图 1-18d 所示的烤箱是温度恒定值控制和定时控制的组合，即通过定时器在一定时间后关闭加热器。图 1-18e 所示的电动助力自行车利用连接在曲轴上的转矩传感器检测阻力对轴施加的转矩，并将与阻力成正比的动力从电动机传递到轴，以辅助人力。如图 1-18f 所示，人在骑自行车过程中始终保持身体平衡，在转弯时，身体则会自然向内倾斜以保持平衡。这种根据不断变化的目标值进行调整的动作称为随动控制。以上这些分类方法只是举例，根据控制方法和所使用的电路及设备的不同，还有各种不同的分类方法。

图 1-18 身边控制的例子

不关闭洗衣机门的话，洗衣机就不会开始工作

a) 洗衣机

供水 ➡ 水洗 ➡ 排水
↓
供水
↓
漂洗
↓
排水
↓
脱水 ➡ 干燥

b) 工作中的洗衣机

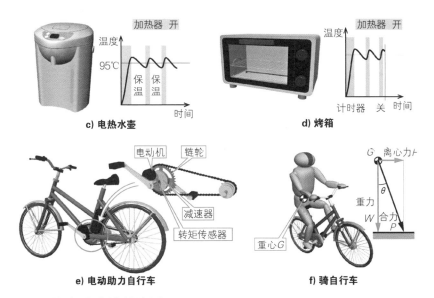

c) 电热水壶

d) 烤箱

e) 电动助力自行车

f) 骑自行车

▶▶ 2. 汽车速度控制的例子

如果您想以 50km/h 的速度驾驶汽车，而当前车速为 45km/h，则应调整供油量以提高发动机转速，将车速再提高 5km/h。如果在提高车速的过程中遇到干扰，如爬坡或强风，则在调整供油量时应将这些因素考虑在内。如果由驾驶员手动目视执行此操作，则为手动控制；如果由车载计算机、速度传感器或燃油控制器执行此操作，则为自动控制。汽车速度控制的例子如图 1-19 所示。

图 1-19 汽车速度控制的例子

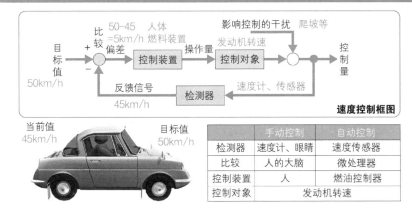

	手动控制	自动控制
检测器	速度计、眼睛	速度传感器
比较	人的大脑	微处理器
控制装置	人	燃油控制器
控制对象	发动机转速	

1.10
流体和机械工程

水是生命之源，空气对生命活动也至关重要。自古以来，人类就在许多仪器和设备中使用水和空气等流体。飞机在天上飞，轮船在水上漂，流体的作用使这些成为可能。

▶▶ 1. 流体和机械

图 1-20a 所示的飞机由发动机的推力在机翼上产生升力而保持飞行，图 1-20b 所示的轮船靠浮力浮于水面，浮力的大小等于被船体排开的水的重力，这些都是利用流体特性的机械。图 1-20c 所示为 20 世纪60 年代速度记录器的外观，图 1-20d 所示为深海载人潜水器的外观，这些是为承受空气阻力和深海高压而制造的机械。

图 1-20　流体和机械

a) 飞机的升力

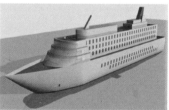

b) 船的浮力

c) 速度记录器的外观

d) 深海载人潜水器的外观

▶▶ 2. 生活中的流体机械

我们的日常生活中需要涡轮和水泵来发电、供水和供气，但我们很少能亲眼看到这些流体机械。图 1-21a 所示为电热水壶泵的水流通道。泵的外壳称为泵体，图 1-21b 所示是取下的泵的外观。图 1-21c 所示的叶轮在电动机的带动下旋转，对叶片上的水产生离心力，将水向外推，增加泵体内的压力，这就是离心泵的工作原理。图 1-21d 中的隔板是将电动机和泵隔开的防水措施。电动机和叶轮上的永磁铁的吸引力使叶轮围绕隔板中心的轴旋转，可以实现动力的无接触传递，这种防水措施也被用于冷库中自动制冰机的水泵和马桶中的增压泵。

图 1-21　电热水壶泵

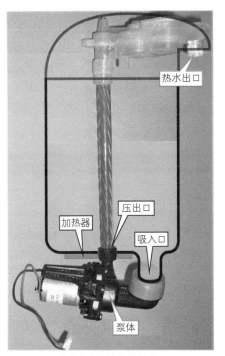

a) 电热水壶泵的水流通道

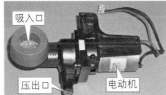

b) 泵的外观

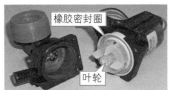

c) 离心泵

d) 电动机的防水措施

第1章 初次接触机械工程

1.11

热和机械工程

蒸汽机被视为第一次工业革命的标志。蒸汽机是一种利用热能使水产生高压蒸汽，然后将蒸汽的能量转换为机械运动的机械装置。现在的发动机即是热力学在机械工程中的一种应用。

▶▶ 1. 热力机械

图 1-22a 所示的四冲程发动机利用燃烧燃料在气缸和活塞形成的封闭空间中产生的气体体积变化，从曲轴输出旋转动力。图 1-22b 所示的涡轮风扇发动机利用风扇向后排出的气流与燃烧室产生的喷射气流共同产生推力。这些是利用在机械内部燃烧燃料形成的能量的内燃机械。图 1-22c 所示是蒸汽机车的车头部分，由锅炉产生的高温高压蒸汽使活塞产生往复直线运动，通过连杆机构带动车轮旋转。图 1-22d 所示是汽轮机发电示意图，锅炉产生的高温高压蒸汽被输送到汽轮机，使连接在汽轮机中心轴上的发电机旋转，从而发电。通过汽轮机旋转发电的方法称为蒸汽发电，包括火力发电、地热发电和核能发电等。这些机械因为利用的是机械外部产生的热源，所以称为外燃机。

图 1-22　热力机械

a) 四冲程发动机

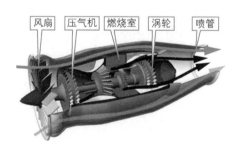

b) 涡轮风扇发动机

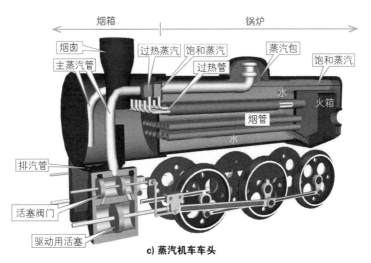

烟箱 锅炉

烟囱
过热蒸汽 饱和蒸汽 蒸汽包
主蒸汽管 饱和蒸汽
过热管
水 火箱
烟管
水

排汽管

活塞阀门
驱动用活塞

c) 蒸汽机车车头

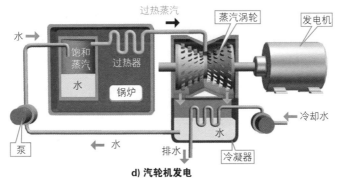

过热蒸汽 蒸汽涡轮 发电机
水
饱和 过热器
蒸汽
水 锅炉 冷却水
泵 水 排水 冷凝器

d) 汽轮机发电

▶▶ 2. 热力机械的表示方法

图 1-23 所示为图 1-22d 所示汽轮机发电的原理图。图中梯形符号的短边表示涡轮的高压侧，长边表示涡轮的低压侧。锅炉和过热器由外部提供热能，泵由外部提供电力。

图 1-23　热力机械的表示方法

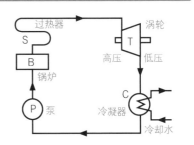

过热器 涡轮
S T
B 高压 低压
锅炉
P 泵 冷凝器 C
冷却水

1.12

弧度（rad）和三角函数

本书不包含习题和数学公式分析，但必要时会使用计算和公式进行说明。本节总结了弧度和三角函数的基础知识。

▶▶ 1. 弧度（rad）

旋转运动的角度和三角函数的角度有时以弧度（rad）为单位进行表示。弧度法是一种表示角度的方法，它将弧长 r 等于半径 r 的扇形的圆心角定义为 1rad，如图 1-24 所示。因为半径为 r 的圆的周长为 $2\pi r$，所以用弧度法表示的圆的圆心角 360° 为 $2\pi r$ 除以 r，即 2π rad。

图 1-24 弧度（rad）

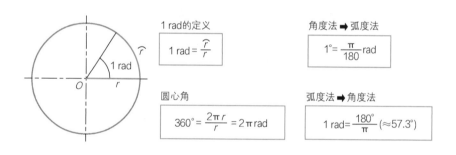

1 rad的定义

$$1\,\text{rad} = \frac{\hat{r}}{r}$$

圆心角

$$360° = \frac{2\pi r}{r} = 2\pi\,\text{rad}$$

角度法 ➡ 弧度法

$$1° = \frac{\pi}{180}\,\text{rad}$$

弧度法 ➡ 角度法

$$1\,\text{rad} = \frac{180°}{\pi}\,(\approx 57.3°)$$

▶▶ 2. 三角函数和反三角函数

图 1-25a 所示为如何通过在每个顶点上应用 sin、cos 和 tan 的首字母来记忆 sin（正弦）、cos（余弦）和 tan（正切）这三个三角函数，sin 中的 s 是手写体的小写写法。在三角函数中，三角比可以通过角度求得。反之，图 1-25b 中的反三角函数则是通过三角比来反求角度。$\sin^{-1}$ 读作反正弦，$\cos^{-1}$ 读作反余弦，$\tan^{-1}$ 读作反正切。

图 1-25　三角函数和反三角函数

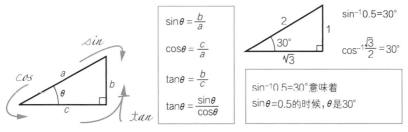

$$\sin\theta = \frac{b}{a}$$

$$\cos\theta = \frac{c}{a}$$

$$\tan\theta = \frac{b}{c}$$

$$\tan\theta = \frac{\sin\theta}{\cos\theta}$$

$$\sin^{-1}0.5 = 30°$$

$$\cos^{-1}\frac{\sqrt{3}}{2} = 30°$$

$\sin^{-1}0.5 = 30°$ 意味着
$\sin\theta = 0.5$ 的时候，θ 是 30°

a) 三角函数的记忆方法　　　　　　　　　b) 反三角函数

▶▶ 3. 三角函数的弧度（rad）表示法

用角度表示三角函数的度数时，需要加上单位，如 sin 60°，但用弧度（rad）表示三角函数时，只写弧度的大小，不加 rad。

$\sin\dfrac{\pi}{6}$ 写作 $\sin\dfrac{\pi}{6}$，不加 rad；$\cos 1.5$ 是指角度为 1.5rad 的余弦值。

▶▶ 4. 小角度的三角函数

采用弧度（rad）法表示时，半径为 r、中心角为 θ 的扇形弧的长度为 $r\theta$。在图 1-26 所示带小角度的直角三角形中，因为对边和弧的长度近似相等，所以可以近似计算出以 rad 表示的小角度的三角函数值。

图 1-26　小角度的三角函数

圆弧的长度＝圆周的长度×$\dfrac{\text{圆心角}}{360°}$＝$2\pi r \times \dfrac{\theta}{2\pi}$＝$r\theta$（$\theta$ 的单位是rad）

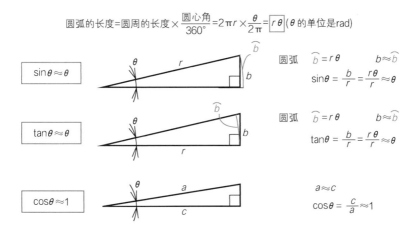

$\sin\theta \approx \theta$

圆弧　$\overset{\frown}{b} = r\theta$　　$b \approx \overset{\frown}{b}$

$$\sin\theta = \frac{b}{r} = \frac{r\theta}{r} \approx \theta$$

$\tan\theta \approx \theta$

圆弧　$\overset{\frown}{b} = r\theta$　　$b \approx \overset{\frown}{b}$

$$\tan\theta = \frac{b}{r} = \frac{r\theta}{r} \approx \theta$$

$\cos\theta \approx 1$

$a \approx c$

$$\cos\theta = \frac{c}{a} \approx 1$$

1. 13

国际单位制

国际单位制（SI）是目前国际通用的一种单位制，它统一了不同国家在不同领域使用的不同单位。机械工程也遵循国际单位制。

▶▶ 1. SI 基本单位和 SI 导出单位

国际单位制基本单位为表 1-1 所列七个基本物理量的单位。本书中使用的主要单位是长度、质量和时间的单位。请注意，在国际单位制中，长度的基本单位是米，但在机械工程中通常使用毫米。质量单位 kg 中的字母 k 是小写，热力学温度单位 K 是大写。

将基本单位按描述各种现象的公式和定义导出的单位称为国际单位制导出单位，见表 1-2。

▶▶ 2. 具有专门名称的 SI 导出单位

表 1-3 所列的导出量包括力学中常用的力和应力等，它们有自己专门的名称，并用 SI 基本单位的符号来表示，这些符号也有自己的名称。

其他 SI 导出单位则来自相应导出量的定义。

国际单位制基本单位表示法是指导出量只用国际单位制基本单位表示。

表 1-4 举例说明了包含具有专门名称 SI 导出单位和 SI 辅助单位的 SI 导出单位，它们代表由具有专门名称 SI 导出单位和 SI 基本单位表示的组合形式的 SI 导出单位。

▶▶ 3. SI 词头

对于较大和较小的单位，通常会在其前面加上 SI 词头来表示，见表 1-5，用 10 的指数表示，如 10^3 表示 1000 倍，用小写字母 k 表示。本书中使用的主要符号是 k、M、G、m 和 μ。

表1-1 SI 基本单位

基本量的名称	单位名称	单位符号
长度	米	m
质量	千克	kg
时间	秒	s
电流	安培	A
热力学温度	开尔文	K
物质的量	摩尔	mol
光度	坎德拉	cd

表1-2 SI 导出单位示例

导出量的名称	单位名称	单位符号
面积	平方米	m^2
体积	立方米	m^3
速度	米每秒	m/s
加速度	米每二次方秒	m/s^2

热力学温度 $T(K) = 273.1 + t \ (℃)$

※表中包含在本章中没有进行说明的内容。

表1-3 具有专门名称的 SI 导出单位示例

导出量	名称	记号	使用其他国际单位制单位表示	使用国际单位制基本单位表示
平面角	弧度	rad		m/m
力	牛顿	N		$kg \cdot m/s^2$
压力、应力	帕斯卡	Pa	N/m^2	$kg/(m \cdot s^2)$
能量、功	焦耳	J	$N \cdot m$	$kg \cdot m^2/s^2$
功率	瓦特	W	J/s	$kg \cdot m^2/s^3$

这样看来

力 = 质量 × 加速度

$$F = m \qquad a$$

	kg	$m \cdot s^{-2}$
=	kg	$m \cdot \dfrac{1}{s^2}$
=	kg	m/s^2

表1-4 包含具有专门名称 SI 导出单位和 SI 辅助单位的 SI 导出单位示例

导出量的名称	单位名称	单位符号
力矩	牛顿米	$N \cdot m$
角速度	弧度每秒	rad/s

表1-5 SI 词头示例

因数	名称	符号	因数	名称	符号
10^1	十	da	10^{-1}	分	d
10^2	百	h	10^{-2}	厘	c
10^3	千	k	10^{-3}	毫	m
10^6	兆	M	10^{-6}	微	μ
10^9	吉	G	10^{-9}	纳	n

（例1） 200kPa 到 MPa 的换算

$= 0.2 \times 10^3 \times 10^3 Pa$

$= 0.2 \times 10^6 Pa$

$= 0.2 MPa$

（例2） 20000mm 到 m 的换算

$= 2 \times 10^4 \times 10^{-3} m$

$= 2 \times 10 m$

$= 20 m$

第1章 初次接触机械工程

自行车和机械

我们希望您已经阅读了第 1 章，并掌握了机械的细微差别。

因此，当被问及"自行车是机械吗?"大家是怎样认为的呢?在第 1 章中，"电动助力自行车"被视为机械，但人力自行车却不是。

与此同时，目前正在讨论的一个问题是"电动滑板车"。由电动机驱动的电动滑板车显然是一种机械，形状完全相同但没有电动机的滑板车则不是机械。

在第 1 章的介绍中，我们认为机械是:

1) 从外界接收能量、运动和信息。

2) 通过一个或多个机构进行处理和转换，并向外界输出。

3) 由机械元件组合而成的坚固物体。

4) 输入和输出之间的关系是确定的。

很久以前，在我的学生时代，有一位老师曾提出"是否可以把人作为机械的动力源"的问题。他曾任日本机械工程师学会一个分会的主席，喜欢画画，享年 105 岁，是我仰慕的恩师，是一位充满人情味的老师。我认为机械和工具的区别就在于这个问题。老师对我们说:"请你们自己思考一下吧。"此后，我对这个有争议性的问题一直没有找到明确的答案，关于自行车是否是机械，要根据具体情况来确定，在不认可人是机械的动力源的基础上，可以认为自行车不是机械，但我认为即使说它是机械也没有错误。

第 **2** 章

物体的图样表达

　　机械工程的目标之一是制造物体，首先必须明确要制造什么样的物体。为此，必须将物体变成大家都能看到的图样。如今，人们对制图的认识和工具都发生了巨大变化，很多情况下并不一定需要在纸上画图。本章将基于"图学"和 JIS 机械制图标准，介绍物体的图样表达方法。

2.1

把物体画成图样

机械工程的目的是制造物体。制造物体有必要的步骤，其中第一步就是制图。无论您是一个人还是与其他人合作制造物体，都需要将物体具象化。

▶▶ 1. 正投影图和透视投影图

图 2-1a 所示为正投影二面图。它是物体在平行光线下的正面投影，显示的是物体的实际尺寸和轮廓形状，是两个投影面连成一片的二面图。图 2-1b 所示为物体在点光源投射线上的形状，称为透视图，它适用于直观地表现车辆、船舶和建筑物等大型物体。图 2-1b 所示为沿两点投射线投射的二点透视图。在透视投影中，点光源的位置称为灭点，如图 2-1c 所示。

图 2-1　正投影图和透视投影图

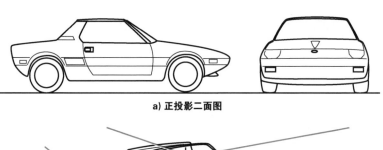

a) 正投影二面图

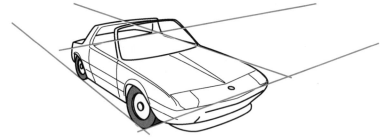

b) 二点透视图

c) 二点透视图的灭点

▶▶ 2. 第三角法

图 2-2 所示为使用第三角法绘制的正投影图，JIS 机械制图标准规定"投影使用第三角法"。第三角法是将物体放置在一个透明的盒子中，将从盒子外观察到的形状投影到观察者和物体之间的投影面（盒子面）上，并将投影面在一个平面上展开。应把最能表现物体特征的视图作为主视图。

图 2-2　第三角法（三面图）

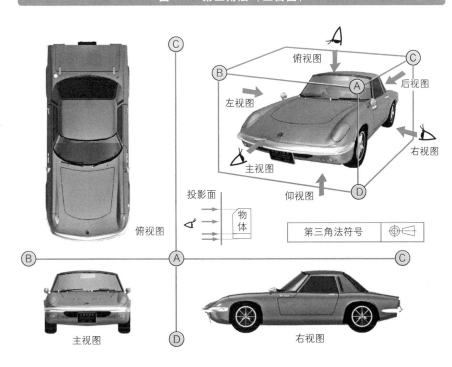

2.2

正投影法

如今，计算机对于机械制图是不可或缺的。笔者最开始是用纸、铅笔和鸭嘴笔学习制图的，后来随着计算机的兴起，又接触到了 CAD。笔者再次意识到扎实掌握正投影基础知识的重要性。

▶▶ 1. 第三角法的一面图和二面图

对于圆柱状轴类零件，如图 2-3a 所示，如果将轴的纵向中心线平行于主视图投影面，则俯视图、后视图和仰视图都与主视图相同，左视图和右视图只画同心圆。对于这类零件，只需要主视图这一个视图就能表示出物体的形状和尺寸。在手绘图中，不要忘记绘制物体的棱边线。螺纹不用一个一个地画牙体，而是用简化方法来表示。表示 45° 倒角的 C，表示半径的 R，表示直径的 φ 等称为尺寸辅助符号。图 2-3b 中所示的 V 带轮有两个视图，因为仅从主视图无法确定辐板孔的形状。主视图由垂直剖切面和水平剖切面形成的半剖视图表示。由于包括紧定螺钉在内的垂直剖视图中没有出现辐板孔，因此通过旋转剖切表示该部分。对于中心线以下没有完整表示的圆形截面的尺寸线，可以省略一端的终端符号（箭头）。由于右视图是一个包含中心线的由垂直剖切面形成的对称全剖视图，可用两条平行线表示以垂直中心线为对称轴。

图 2-3　第三角法的一面图和二面图

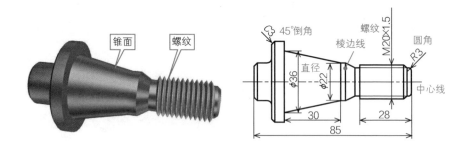

a) 圆柱形轴承的一面图

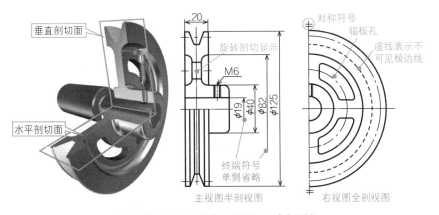

b) V带轮的二面图和剖视图(所示尺寸为示例)

▶▶ 2. 第一角法

第一角法（见图 2-4）主要用于欧洲地区[⊖]，在日本也用于大型物体，如建筑和船舶。第一角法的正投影是将物体投射到其后方的平面上，因此投影图的位置不同。第三角法和第一角法在图样上都标有相应的符号。

图 2-4　第一角法

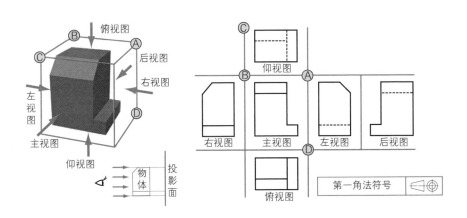

───────

⊖ 我国使用的也是第一角法。——译者注

2.3

示意图

以易于理解的方式直观地描述物体形状的概略图，通常被称为示意图，但 JIS 机械制图标准中没有使用"示意图"这一术语。示意图并不是为了正确地表达物体的实际尺寸，而是作为说明图用于给出物体的整体形象。

▶▶ 1. 正轴测投影图和斜轴测投影图

图 2-5a 和 b 所示为立方体及其三个面上内接圆的示意图。图 2-5a 称为轴测投影图的正等测投影图，图 2-5b 称为斜二测投影图（斜轴测投影图）。圆是示意图中的重点。绘制斜二测投影图时，正面为实际形状，宽度方向倾斜 45°，按 1/2 的比例绘制。

图 2-5c、d 和 e 为不同投影方法下带切口斜面立方体的比较。图 2-5d 所示正三测投影图中的 α 和 β 是任意不相等的角度，长度比例也可根据坐标轴任意设定。正轴测投影法不适合长宽度物体的表达。

图 2-5　正轴测投影图和斜轴测投影图

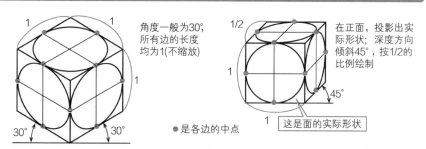

角度一般为 30°，所有边的长度均为 1(不缩放)

在正面，投影出实际形状；深度方向倾斜 45°，按 1/2 的比例绘制

●是各边的中点

这是面的实际形状

a) 立方体和圆的正等测投影图(正轴测投影图)　　b) 正方体和圆的斜二测投影图(斜轴测投影图)

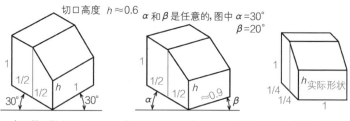

切口高度 $h \approx 0.6$

α 和 β 是任意的，图中 α=30° β=20°

实际形状

c) 正等测投影图　　d) 正三测投影图(正轴测投影图)　　e) 斜二测投影图

34

2. 透视投影图

透视投影图是严格根据画法几何学的方法、观察者的视点、物体的位置和实际尺寸确定的。在图 2-6 这个简化的图例中，投影轮廓由灭点发出的光线角度决定。

透视图可用于汽车、轮船和建筑物等大型物体的示意图。在图 2-6a 所示的一点透视图中，正投影面是物体实际的形状。绘制透视图的基础是画法几何学，但现在有了三维计算机图形学（Computer Graphics，CG）技术，对于轴状回转体，只需要一个视图就能绘制出透视图，所有物体都能通过两个或三个视图生成透视图。当使用二维 CG 或手绘透视图时，要注意二点透视图的灭点位于水平线上。图 2-6c 中的三点透视图用于俯视和仰视物体的表达。

第 2 章 物体的图样表达

图 2-6 透视投影图

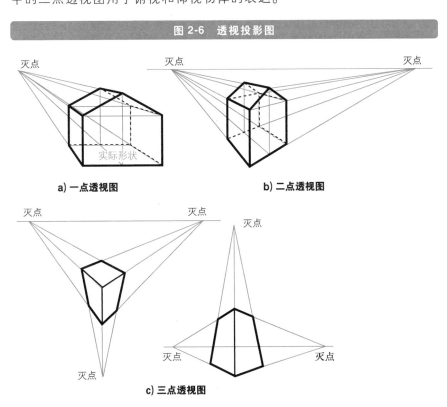

a) 一点透视图

b) 二点透视图

c) 三点透视图

2.4

图线的应用和尺寸的标注

机械图样基本都是单色的线条图。在 JIS 机械制图标准⊖中，对于在哪里使用什么样的线，都有详细的规定。让我们来思考一下使用包括计算机通用制图软件画出容易看懂的图样的要领吧。

在一般绘图中，会使用粗线和细线，加粗线用于板材剖切面、玻璃等薄壁部分的单线表示。物体的轮廓用实线、虚线和单点画线表示。尺寸的标注以细实线为基础。在计算机制图中，线型和尺寸的标注会因软件规格的不同而有所差异。线条的粗细以及虚线和点画线的长度应根据图纸的大小来确定，在一张图纸上应保持统一。在 JIS 机械制图标准中，线条的颜色根据背景采用黑色或白色的单一颜色；在某些情况下，也允许使用彩色线条，但须进行说明。图线的应用和尺寸的标注如图 2-7 所示。

图 2-7　图线的应用和尺寸的标注

内螺纹

a) 从零件左侧观察的示意图　　　　b) 零件的主视图　　　　c) 从零件右侧观察的示意图

⊖ 我国相应的国家标准为 GB/T 4457.4—2002 和 GB/T 4458.4—2003。——译者注

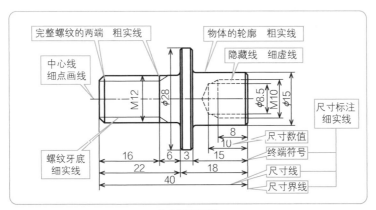

d) 主视图示例

种类	线宽比
粗线 ———	2
细线 ———	1
加粗线 ———	4

JIS机械制图标准的线宽有0.18mm、0.25mm、0.35mm、0.5mm、0.7mm、1mm、1.4mm、2mm

e) 线的粗细

线型	实线	虚线	点画线、双点画线	
	连续的线	以1mm的间隔排列3～5mm长的破折号	以3mm(5mm)的间隔重复10～20mm左右的线，并在缝隙中放置一个(两个)点	
	———	- - - - -	点画线 —·—·—	双点画线 —··—··—
使用示例	轮廓线、棱边线	隐藏线	中心线	假想线

f) 线型

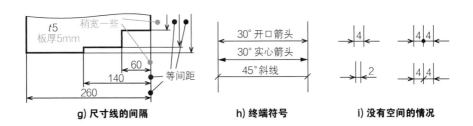

g) 尺寸线的间隔

30°开口箭头	
30°实心箭头	
45°斜线	

h) 终端符号

i) 没有空间的情况

符号	含义
ϕ	圆的直径
$S\phi$	球的直径
R	圆的半径
SR	球的半径
□	正方形的边长
C	45°倒角
t	板材的厚度
⌒	圆弧的长度

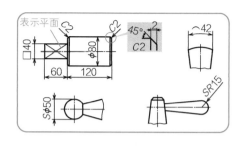

j) 部分标注尺寸的符号及其使用示例

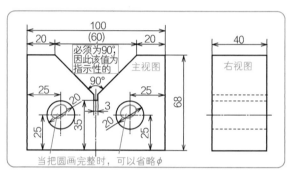

k) V形块的示意图和二面图

2.5

剖视图

零件内部不可见的形状用细虚线或粗虚线绘制的隐藏线来表示。如果隐藏线的数量太多使得图样不便识读，则可采用剖视图来表示物体被假想的剖切面剖开后的形状。

▶▶ 1. 有效剖切的地方

如果将图 2-8a 中带有内螺纹的零件按图 2-8b 所示的全剖面和图 2-8c 所示的半剖面进行剖切，则螺纹部分和轴部分成为平面，得不到剖切的效果。图 2-8d 所示为仅在隐藏线处进行剖切，图 2-8e 所示为剖切后的图样。由于零件是以中心线为轴的圆柱形旋转体，图 2-8f 所示是以中心线为对称轴的对称图。这些都是剖切的例子，但如果要明确标出剖切面，须用 45°[⊖] 斜线做阴影处理。一般来说，螺钉、轴和销等即使剖切也没有效果的部分，不进行剖切。

第2章 物体的图样表达

图 2-8 有效剖切的地方

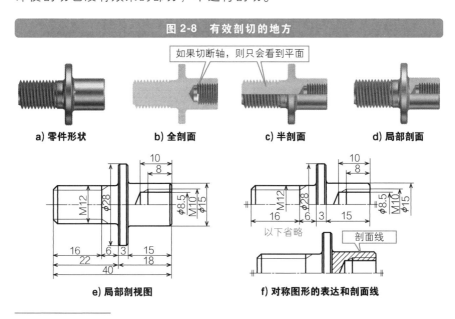

a) 零件形状　　b) 全剖面　　c) 半剖面　　d) 局部剖面

e) 局部剖视图　　f) 对称图形的表达和剖面线

⊖ 我国国家标准规定，剖面线可以与剖切面外轮廓成对称或相适宜的角度，参考角为 45°。——译者注

▶▶ 2. 剖切面的旋转表示

图 2-9a 所示为一个盖状零件，上面有五个均匀分布的安装用的锪孔。由于用隐藏线很难表示清楚锪孔，因此如图 2-9b 所示，用两个组合的虚拟剖切平面来剖切这些孔，如图 2-9d 中的两个视图所示。在主视图中，剖切平面通过右视图中的剖切符号和用粗线表示的剖切面指示进行旋转剖切。图 2-9d 所示的主视图是全剖视图，不显示零件轮廓的棱边线。图 2-9e 所示的主视图是图 2-9c 所示主视图通过任意剖切面剖切得到的局部剖视图，需要用不规则的细实波浪线作为断裂线，断裂线也可使用双折线。

图 2-9　剖切面的旋转表示

a) 盖状零件

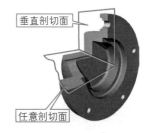

b) 两个剖切面的组合　　c) 任意的局部剖切面

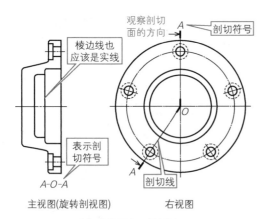

d) 用两个视图表示剖视图

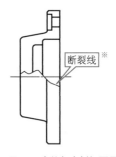

※图2-9c中的任意剖切面用不规则的细实波浪线表示。

e) 主视图的局部剖视图

2.6

装配图和零件图

在制造机械和零件时，正投影法被用于绘制图样，因为正投影图可以表示物体的准确形状和尺寸。制造图样包括显示机械或设备整体结构的装配图和用于制造单个零件的零件图。

▶▶ 1. 螺旋千斤顶的例子

图 2-10 所示为螺旋千斤顶及其零件。它通过主体部分内螺钉和螺杆外螺纹的啮合产生微小的位移，可用于装配和划线*的治具*。它由四种不同类型的旋转零件组成。

图 2-10　螺旋千斤顶及其零件

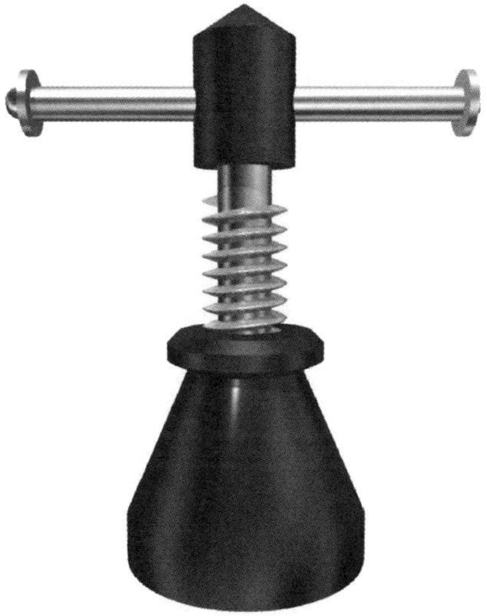

③手轮　　　④手柄

②螺杆

①主体

a) 螺旋千斤顶 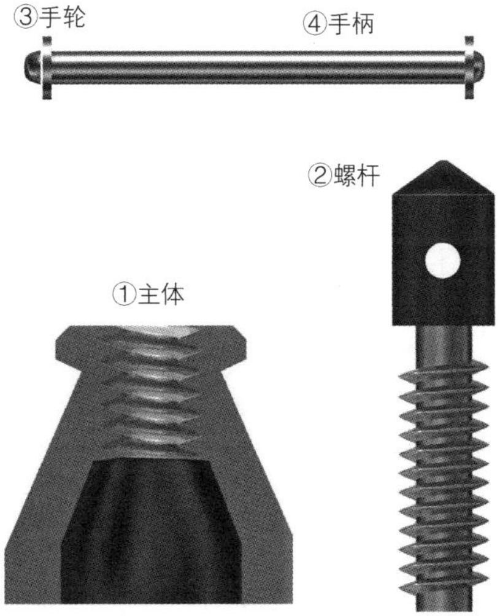　　　　　　　　b) 零件

---

* 划线：在材料表面划出加工目标线的作业。

* 治具：安装和调整工件时使用的辅助器具。

▶▶ 2. 螺旋千斤顶的制图示例

图 2-11 所示为螺旋千斤顶的装配图和画在一起的零件图。装配图显示了各零件的装配情况和使用时的运动范围。螺杆②的顶端在切削后用粗点画线表示经过了热处理。零件③、④由于尺寸较小，为了便于识读，制图的比例放大了一倍。铆接是将手轮③插入手柄④，然后敲击手柄末端使其变宽的一种固定方法。尺寸公差是指在加工过程中允许的尺寸变动范围。实际的图样采用 A 规格的标准图纸，标题栏显示有材料、加工工艺、图样名称等详细信息。

图 2-11 螺旋千斤顶的制图示例

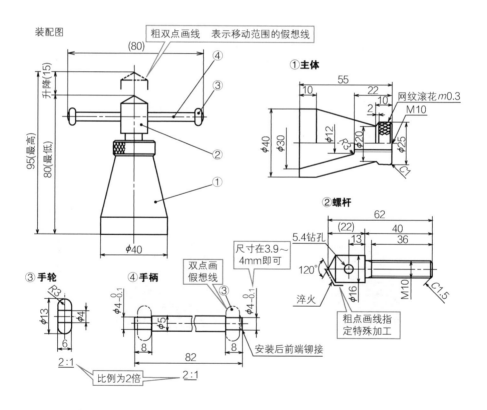

2.7

计算机和图样

如今，机床可直接通过 3D-CAD 生成的数据进行控制和加工，而无需二维图样。然而，由于需要在多人之间共享生产的全过程并保存对制造过程的记录，图样仍然非常重要。

CAD（Computer Aided Design）指计算机辅助设计，而 CAM（Computer Aided Manufacturing）指计算机辅助制造。计算机辅助制造因其灵活性有时也被称为柔性制造系统（Flexible Manufacturing System，FMS）。图 2-12 所示是使用计算机上的通用绘图软件绘制的图样示例，而专用的 2D-CAM 软件则可通过标准化的线条粗细、形状、标准件和尺寸输入，为设计和制图提供帮助。图 2-13 所示为通用 3D 软件的显示示例。当使用第三角法将二维数据赋予三视图时，就会生成三维透视图，并同时生成三维数据。在机床生产中，将机床的旋转、进给、换刀等加工功能数据添加到计算机图形生成的物体形状数据中，即可生成机床控制数据，并输入计算机控制的数控（Numerical Control，NC）机床，以实现数控加工。

图 2-12　使用通用绘图软件绘制的图样示例

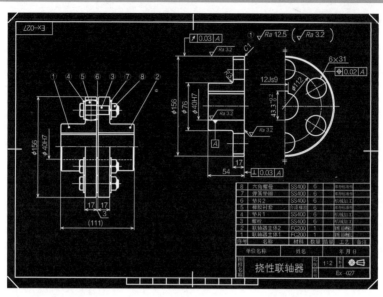

图 2-13　通用 3D 软件显示示例

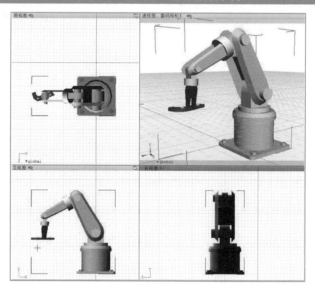

第 **3** 章

材料和机械工程

　　机械中使用的材料种类繁多，既有金属材料，也有非金属材料。只要是金属材料就说成是"铁"，这是不准确的。对于喝咖啡的人，有的人比较注重咖啡的品牌，有的人喜欢喝纯咖啡，而有的人则喜欢加适量的糖或牛奶。就像可以根据自己的口味调配咖啡一样，机械材料也可以根据不同的用途制成多种多样的产品。材料领域是机械工程的基础，也是一个比较活跃的领域，如各种新材料的开发。

3.1

制造机械的材料

为了确保机械不发生故障，使用坚固的材料是必要的。对于经常与人接触的机械，使用柔软的材料也是必要的。除固体外，用于润滑和传动等目的的液体和气体等流体也可以称为机械材料。

▶▶▶ 1. 各种各样的材料

常规机械基本都要求坚固（见第 1.3 节），这就要求材料坚硬。说到坚硬的材料，我们会想到金属材料，但如今塑料和纤维树脂等复合非金属材料也被作为坚硬的材料使用，因为它们具有很高的强度。如图 3-1 所示，制动系统中使用的制动液、减振器中使用的液压油和发动机中的润滑油等液体，以及轮胎中填充的空气，都作为流体材料用于许多机械中。电气材料也被用于制造机械，因为机械运行时也需要电气和电子设备。

图 3-1　各种各样的材料

导流罩：
轻的复合材料

车座表面：皮革材料

玻璃

减振器液压油：
流体材料

电气系统：导电材料

弹簧
弹性金属材料

制动片：
摩擦材料

内部空气：
流体材料

润滑油：流体材料

框架：硬金属材料，不会变形

车轮
轻金属材料

轮胎：橡胶
内部空气：流体材料

▶▶ 2. 硬度的测量

材料的硬度是典型的力学性能之一。硬度测量的原理如图 3-2 所示。图 3-2a～d 显示了如何将压头压在试样上，并根据试样上留下的压痕深度和大小计算硬度。图 3-2e 所示是根据自由落体压头的反弹高度测量硬度的方法。

图 3-2 硬度的测量

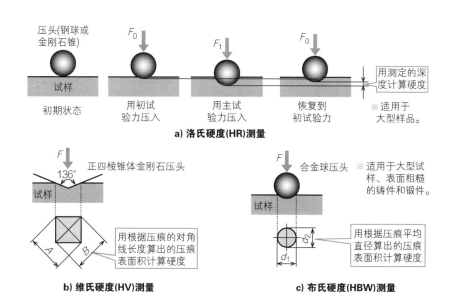

a) 洛氏硬度(HR)测量

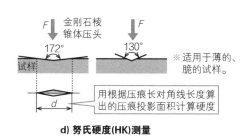

b) 维氏硬度(HV)测量　　c) 布氏硬度(HBW)测量

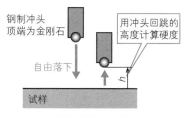

d) 努氏硬度(HK)测量　　e) 肖氏硬度(HS)测量

第 3 章　材料和机械工程

3.2

材料的性能

　　材料具有多种强度类型。同时，为便于加工，材料也需要容易变形。本节主要介绍固体材料的力学性能。

▶▶ 1. 材料的力学性能

　　材料在受力时抵抗变形的能力称为刚度。无论施加多大的力都不会产生变形的物体称为刚体，刚体在现实中是不存在的。刚度不仅可以通过改变材料种类，也可以通过改变材料的形状来提高，如图 3-3a 所示。材料抵抗硬物压入其表面的能力称为硬度。在图 3-3b 所示的齿轮中，可以通过对与齿轮不断接触的齿面进行热处理来提高硬度。图 3-3c 所示的扳手需要具有兼具刚性和柔性的韧性。图 3-3d 所示弹簧的弹性也是一种特性，它能根据所受的力产生相应的变形，并在力消除后恢复原状。

图 3-3　材料的力学性能

刚度不仅取决于材料种类，还取决于形状

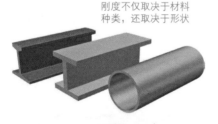

a) 刚度

齿轮切削成形后，对啮合部分进行热处理

b) 硬度

除了刚性，也需要高度的韧性

c) 韧性

即使变形也能恢复原状的弹性是金属的一项重要性能

d) 弹性

▶▶ 2. 材料的加工性

制造产品时要对材料进行加工。图 3-4a 所示的铝罐是先用一种称为拉深的方法将一块材料加工成形，然后再和盖子部分连接起来。这种加工方法利用了可使材料变薄的延展性。图 3-4b 所示铸造轮毂是用压铸法制造的，即对铝等熔融金属施加压力，然后将其浇注到金属模具中凝固成形。这种加工方法利用了金属材料的熔融性。图 3-4c 所示是汽车车架的一个例子，与对材料施加外力后产生变形的弹性不同，这种结构利用了去除外力后也不会恢复原状的塑性。

图 3-4　材料的加工性

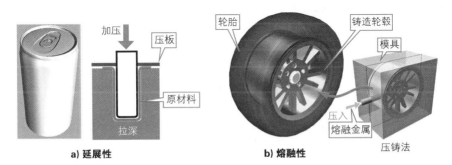

a) 延展性

b) 熔融性

c) 塑性

※ 整体结构
通过将经过弯曲、倒圆角和凹凸等加工的零件组合起来，使其具有整体强度。

3.3

金属材料

金属是我们日常生活中的必需品，也是机械不可或缺的材料。然而，无法通过简单的定义来严格描述金属。通常通过所具有的特性来区别金属和非金属。

▶▶ **1. 金属的特性**

如图 3-5 所示，常见的金属特性包括以下内容：①固态且不透明（汞除外）；②具有金属光泽（见图 3-5a）；③延展性强（见图 3-5b）；④电和热的良导体（见图 3-5c）；⑤具有熔融性（见图 3-5d）和晶体结构；⑥具有高相对密度（相对密度在 4 或 5 及以上的称为重金属，小于 4 或 5 的称为轻金属）；⑦敲击时会发出金属声。具有这些特性的材料称为金属材料，不符合这些特性的材料称为非金属材料。

图 3-5　金属的特性

a) 玻璃杯和不锈钢杯

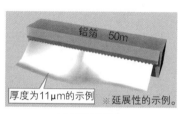

b) 厨房用铝箔

c) 带电磁加热装置的金属锅

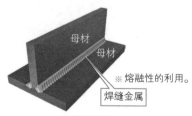

d) 钢制焊件

2. 金属键和金属晶格

金属键由固定的金属离子（阳离子）（见图 3-6a）和绕外层原子轨道运行的自由电子形成。在图 3-6b 所示的由许多金属键形成的金属晶体中，外层电子可以离开金属离子，并在其他电子轨道上自由运动，这些电子称为自由电子，它们决定了金属的性质。

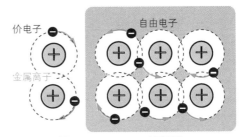

图 3-6　金属键和金属晶体

a) 金属键　　　　b) 金属晶体

组成金属的原子有规律地排列成晶格。三种典型的晶格分别是体心立方晶格（见图 3-7a）、面心立方晶格（见图 3-7b）和六方晶格（见图 3-7c）。这些不同的结构决定了金属的热性能、延展性、加工性和强度。

图 3-7　金属的晶格

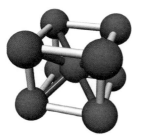

立方体的每个角和中心共有9个原子，如铁、钨、铬等

a) 体心立方晶格

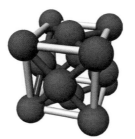

立方体的每个角和每个面的中心共有14原子，如铁、金、铜、铝等

b) 面心立方晶格

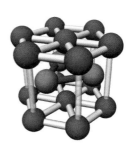

六角柱的上下面各7个，中间3个，共有17个原子，如钛、锌等

c) 六方晶格

3.4

合金

自然界中约有 75% 的元素是金属元素，其中只有少数可用作制造机械的材料。用一种元素符号表示的金属是纯金属，由多种金属组合而成的则是合金。

▶▶ 1. 晶体结构图像

当金属从液态冷却变为固态时，纯金属的晶格会形成单晶，如图 3-8a 所示，单晶生长后形成单晶金属。大多数单晶金属的机械强度较低，用作机械材料的金属大多是多晶金属的合金，如图 3-8b 所示，它们是为了获得机械所需的性能而制造的。寺庙里的铜像材料并非是100% 的铜，而是一种类似青铜的合金，其中混合了约 2%（质量分数）的锡、金和汞。青铜的熔化温度低于纯铜的熔点（约 1083℃），比纯铜更容易铸造，机械强度也更高。金属的结晶单位称为晶粒。图 3-8c 中晶体之间的边界称为晶界，杂质在此聚集是导致强度降低的原因。

图 3-8　晶体结构图像

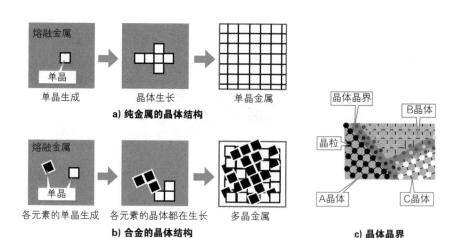

熔融金属

单晶

单晶生成　　　晶体生长　　　单晶金属

a) 纯金属的晶体结构

熔融金属

单晶

各元素的单晶生成　各元素的晶体都在生长　多晶金属

b) 合金的晶体结构

晶体晶界　　B晶体

晶粒

A晶体　　C晶体

c) 晶体晶界

▶▶ 2. 合金的图像

图 3-9 所示为合金元素的结合情况。固溶体是由几种合金元素完全融合在一起形成的晶体结构。共晶体是几种合金元素混合在一起的晶体结构。在金属间化合物中，会形成与原始合金元素的晶体结构完全不同的化合物。析出是指当固溶体快速冷却时，从固溶体中分离出多余金属的现象。

图 3-9　合金的图像

| | a) 固溶体 | b) 共晶体 | c) 金属间化合物 | d) 析出 |

合金元素完全融合在一起的结晶体　　合金元素的混合结晶体　　由不同于合金元素的化合物形成的结晶体　　分离出无法固溶的元素的结晶体

▶▶ 3. 合金相图

图 3-10 所示为两种金属 A 和 B 在高于熔点的高温下混合后，根据成分分布和温度的不同而产生的合金晶体平衡状态图，称为合金相图。让我们来看看高温状态①中 B 金属的变化情况。

图 3-10　二元合金的合金相图

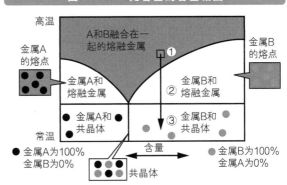

①A 和 B 一起熔化，为处于液相的熔融金属。

②温度下降，过饱和金属 B 从熔融金属中析出。

③室温下变成金属 B 含量较高的 A 和 B 的共晶体。

3.5

钢铁材料

最典型的机械材料是铁。您是否认为铁又结实又坚硬？事实上，元素符号为 Fe 的铁是软的，机械强度低，不适合用作机械材料。通常所说的铁是一种叫作钢的合金材料，它是由铁和碳构成的混合物。

▶▶ 1. 铁碳合金相图

图 3-11 所示为构成钢的铁（Fe）和碳（C）两种元素的合金相图。在此仅进行简要说明。在合金相图中，横轴左侧成分最多的固溶体统称为 α 固溶体。纯铁在自然界中并不存在，是一种工业生产的物质，熔点为 1538℃。碳含量低的 α 铁称为铁素体。碳含量为 6.67%（质量分数）的铁碳化合物称为渗碳体。在图中 α 固溶体一侧，随着温度的降低，从高温液相（L）逐渐变为 δ 铁素体、γ 奥氏体，最后变为 α 铁素体。

图 3-11 铁碳合金相图

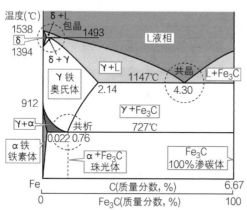

包晶
由液相包围固相并固化的结晶结构

共晶
由熔体中两种或两种以上成分同时混合形成的晶体结构

共析
两种固相按一定比例从同一固相中析出的结晶结构

δ 铁
熔点以下、A4 相变点(1394℃)以上的铁(体心立方晶格)

γ 铁　奥氏体
C 原子侵入 Fe 的晶格中形成的侵入型固溶体(面心立方晶格)

α 铁　铁素体
在 A3 相变点(912℃)以下，碳与 α 铁形成的固溶体(体心立方晶格)

Fe₃C　渗碳体
铁与碳形成的金属化合物。碳含量(质量分数)为6.67%，约对应100%的渗碳体

2. 碳素钢

在工业上，碳含量为 0.035%~2.14%（质量分数）的为碳素钢，2.14%~6.67%的为铸铁。渗碳体越多，钢的硬度越高，但脆性也越大。图 3-12 所示为铁碳合金相图的碳素钢区域，显示了低碳钢和高碳钢从奥氏体冷却到环境温度时的相变。在实际应用中，根据碳含量的多少将钢分为超低碳钢、低碳钢、中碳钢、高碳钢和超高碳钢。

图 3-12 碳素钢

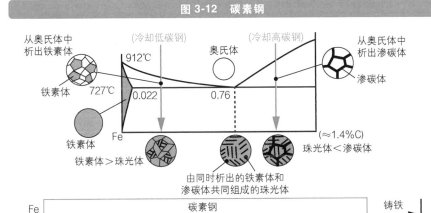

3. 碳素钢应用举例

图 3-13a 所示的便携式折叠椅为低碳钢材料，图 3-13b 所示的切削刀具为硬质工具钢材料。

图 3-13 碳素钢应用举例

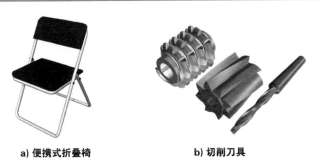

a) 便携式折叠椅　　　　b) 切削刀具

第 3 章　材料和机械工程

3.6

特殊钢

以碳素钢为基础，加入一种或几种碳以外的元素形成的合金钢称为特殊钢。常见的特殊钢例子有不锈钢和弹簧钢等。

▶▶ 1. 各种各样的特殊钢

图 3-14a 所示弹簧钢的主要合金成分是 Si、Mn、Cr 等。图 3-14b 所示轴承钢含有 Si、Cr、Mn、Mo 等合金元素，具有优异的耐久性和耐磨性。图 3-14c 所示耐热钢含有 Cr、Ni、Co、W 等合金元素，具有优异的耐高温性，主要用于涡轮、发动机和核反应堆等。图 3-14d 所示不锈钢含 10.5%（质量分数）以上的 Cr，我们熟悉的 18-8 不锈钢是一种含 18%（质量分数）Cr 和 8%（质量分数）Ni 的合金钢。图 3-14e 所示易切削钢含有 Pb、S 和 Ca 等合金元素，是一种具有良好切削性的钢。图 3-14f 所示高强度钢中添加了 Cu、Ni 和 Cr 等元素，使其在拉伸和压缩时都具有高强度，主要用于需要减轻自重的桥梁和汽车等；悬索钢丝由高强度钢制成，用于钢筋混凝土结构和悬索桥。特殊钢还包括在非合金工具钢（超高碳钢）中添加 W、Cr、Ni、V 等元素制成的合金工具钢和高速工具钢，在结构钢（低碳钢和中碳钢）中添加 Si、Mn 等元素制成的机械制造用碳素钢，以及含 Mn、Cr、Mo、Ni、Al 等合金成分的结构合金钢。

图 3-14　各种各样的特殊钢

a) 弹簧钢

b) 轴承钢

c) 耐热钢

d) 不锈钢

e) 易切削钢

悬索钢丝

高强度钢

f) 高强度钢和悬索钢丝

受影响的性质	主要元素名称	元素符号
抗拉强度	Mn、Mo、W、Ni、Co、Ti、Si	锰Mn、钼Mo、钨W、镍Ni、钴Co、钛Ti、钒V、铬Cr、硼B、铜Cu、硫S、铅Pb、钙Ca、硅Si
黏性	Mo、W、Ni、Co	
耐磨性	Mo、W、V、Cr、Mn、Ti、B	
耐蚀性	Cr、Ni、Co、Mo、Cu	
耐热性	Ni、Cr、Mo、W	
易切削性	S、Pb、Ca	

g) 典型的合金元素

▶▶ 2. 不锈钢

不锈钢不易脏污和生锈，是耐蚀性优异的特殊钢，不锈钢中的 Cr 在低碳钢表面形成一层坚固的氧化膜，可防止铁和氧的化合物氧化铁（锈）的形成，如图 3-15a 所示。不锈钢并非完全不生锈，可能会出现图 3-15b 所示的锈迹，盐或氯漂白剂会破坏氧化膜。当氧化膜被破坏时，Ni 可防止锈蚀的发展，并帮助含有 Cr 的氧化膜再生，如图 3-15c 所示。

图 3-15 不锈钢

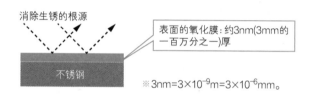

消除生锈的根源

表面的氧化膜：约3nm(3mm的一百万分之一)厚

不锈钢

※3nm=3×10⁻⁹m=3×10⁻⁶mm。

a) 不锈钢表面的氧化膜

锈　　　锈

长期接触不同金属会导致铁锈附着在不锈钢表面

b) 生锈

如果表面氧化膜被破坏，暴露在氧气中的表面会迅速形成一层新的氧化膜，阻止钢材的氧化

c) 氧化膜再生

3.7

铸铁

碳含量（质量分数）为 2.14%~6.67%、硅含量（质量分数）为 1%~3% 的铁碳合金称为铸铁，其产品称为铸铁件。与钢相比，铸铁更抗压、吸收振动的性能更好、熔化温度更低、熔体流动性更好。

▶▶ **1. 铸铁的使用举例**

铸铁在凝固过程中体积收缩比较小，因此是一种适于铸造的材料。图 3-16a 所示的汽车制动盘利用了铸铁的耐磨性，而图 3-16b 所示的铸铁厨房用品则是利用铸铁导热性良好的例子。图 3-16c 所示的井盖利用了铸铁的高可铸性，而图 3-16d 所示的机床床身则利用了铸铁的可铸性、减振性和抗压性。图 3-16e 所示为砂型铸造法的示意图，即把熔融金属浇注到砂型的空腔中以生产铸件。

图 3-16　铸铁的使用举例

a) 汽车制动盘　　　　b) 铸铁厨房用品　　　　c) 井盖

d) 机床　　　　e) 砂型铸造法

▶▶ 2. 铸铁的种类

铸铁根据碳含量大致可以分为三类，如图 3-17 所示。

图 3-17 铸铁的种类

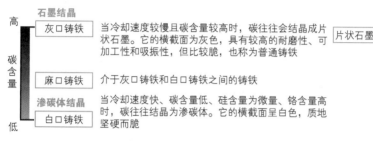

	石墨结晶		
高	灰口铸铁	当冷却速度较慢且碳含量较高时，碳往往会结晶成片状石墨。它的横截面为灰色，具有较高的耐磨性、可加工性和吸振性，但比较脆，也称为普通铸铁	片状石墨
碳含量	麻口铸铁	介于灰口铸铁和白口铸铁之间的铸铁	
	渗碳体结晶		
低	白口铸铁	当冷却速度快、碳含量低、硅含量为微量、铬含量高时，碳往往结晶为渗碳体。它的横截面呈白色，质地坚硬而脆	

▶▶ 3. 特种铸铁

如图 3-18 所示，特种铸铁是指通过添加一定量的合金成分和进行热处理来改变铸铁的脆性和力学性能，从而形成的具有特殊使用性能的铸铁。图 3-18 所示为用于轧辊和管件的特种铸铁。通过添加 Mg、Ce、Ca 等增加韧性的铸铁称为球墨铸铁。对低碳、低硅白口铸铁进行适当热处理，使渗碳体石墨化并赋予其韧性的铸铁称为可锻铸铁；将白口铸铁与氧化铁一起加热，使其脱氧并软化后的铸铁称为白心可锻铸铁；对白口铸铁进行退火处理，使渗碳体完全分离并变成粒状退火碳的铸铁称为黑心可锻铸铁。Meehanite 铸铁是一种特殊的可锻铸铁，在炼铁过程中加入钢屑，使其分布高强度石墨，从而获得强度和硬度。Si、Ni 和 Al 有助于石墨的形成，可提高切削性和耐磨性，Cr、Mo 和 V 有助于渗碳体的形成，可提高硬度，这些材料称为合金铸铁。

图 3-18 特种铸铁使用举例

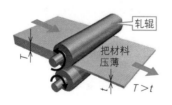

a) 钢铁生产中的轧辊

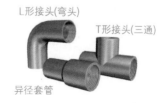

b) 日常生活中使用的可锻铸铁

3.8

材料的强度和材料符号

抗拉强度是表示机械金属材料强度的具有代表性的指标。为了识别机械材料的种类，使用不同于材料元素符号的材料符号来表示。

▶▶ **1. 抗拉强度**

如图 3-19a 所示，试样两端被夹持住，通过液压或其他方式向试样施加拉伸试验力 F，如图 3-19b ~ d 所示。图 3-19e 中的曲线表示施加试验力直至试样断裂过程中试验力和试样伸长量λ 之间的关系，称为试验力-伸长量曲线。最大强度或极限强度，即图中 P 点的最大试验力 F_{max} 除以试样原始横截面积 A，称为抗拉强度，是表示材料强度的指标。这种测试方法称为拉伸试验，将在第 5 章中详细介绍。

图 3-19 抗拉强度

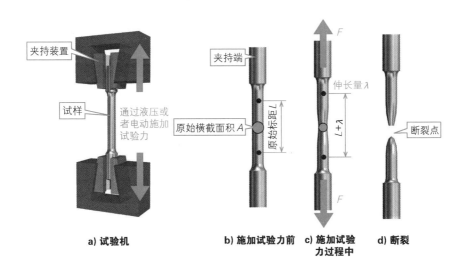

a) 试验机　　　b) 施加试验力前　　c) 施加试验力过程中　　d) 断裂

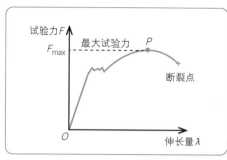

用图中P点的最大试验力F_{max}除以试样的原始横截面积A，即可得到抗拉强度，它是表示材料强度的指标

e) 试验力-伸长量曲线

$$抗拉强度 = \frac{最大试验力(N)}{原始横截面积(mm^2)} = \frac{F_{max}}{A} \ (N/mm^2或MPa)$$

抗拉强度的单位是N/mm^2和MPa

※$1N/mm^2 = 1 \times 10^3 \times 10^3 N/m^2 = 1 \times 10^6 Pa = 1MPa$。

▶▶ **2. 钢铁材料牌号**

图 3-20 所示为钢铁材料牌号的示例。牌号显示了材料的成分、用途和特性等信息。如图 3-20a 所示，由熔融金属凝固而成的材料表面覆盖着一层氧化膜，称为黑皮。材料牌号末尾的 D 表示拉拔材料，拉拔工艺如图 3-20b 所示。拉拔材料在材料牌号为 SKD（D 表示模具钢）的模具中经过拉拔冷加工，表面就会变得光亮。

图 3-20　钢铁材料牌号

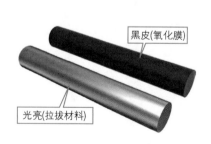

a) 黑皮材料和光亮材料

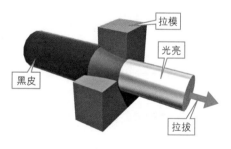

b) 拉模和拉拔工艺

机械结构用碳素钢

S：Steel(钢)、C：Carbon(碳)
S45C　碳含量(质量分数)为0.45%
S45CD　Drawing materials(拉拔材料)

一般结构用轧钢

SS：Steel Structure(结构钢)
SS400　最小抗拉强度400N/mm^2
SS400D　Drawing materials(拉拔材料)

碳素工具钢

SK：Steel Kogu(工具钢)
SK120　碳含量(质量分数)为1.15%~1.25%

高速工具钢

SKH：SK High speed(高速钢)
SKH51　51：钻头和其他工具(应用分类编号)

合金工具钢

SKS：SK Special(特殊钢)
SKS120　碳含量(质量分数)为1.15%~1.25%

合金工具钢

SKD：SK Die(模具钢)
SKD11　11：用于冲模(应用分类编号)

合金工具钢

SKT：SK Tanzou(锻模钢)
SKT4　4：热作锻模钢(应用分类编号)

不锈钢

SUS：Steel Use Stainless
SUS430　430：铁素体磁性材料
SUS304　304：奥氏体非磁性材料

灰口铸铁

F：Ferrum(拉丁语，表示铁)、C：Casting(铸铁)(普通铸铁)
FC200　最小抗拉强度200N/mm^2　※铁的元素符号Fe即来自Ferrum。

球磨铸铁

FCD：FC Ductile(球磨铸铁)
FCD400-15　最小抗拉强度400N/mm^2，最小伸长率15%

弹簧钢

SUP：Steel Use Spring

硬钢丝

SW：Steel Wire

琴钢丝

SWP：Steel Wire Piano

第3章 材料和机械工程

3.9

铝和铝合金

铝是一种典型的非铁金属材料。它密度小且是电和热的良导体，具有优良的耐蚀性和可加工性，适合作为含有多种元素的合金的主要成分。

▶▶ 1. 铝的特性

图 3-21a 所示为空调热交换器，利用了铝的延展性和高导热性。图 3-21b 所示汽车铝合金轮毂是通过铸造或锻造工艺制造的，合金中添加了 Mg 和 Si 等元素。图 3-21c 所示铝箱利用了一种称为硬铝的铝合金的高强度特性，并添加了 Cu、Mg 和 Zn 等元素。图 3-21d 显示了铝及其他材料的力学性能。在工业上，铝含量达到或超过 99.0% 时称为纯铝。

图 3-21　铝制品和力学性能举例

a) 空调热交换器　　　b) 汽车铝合金轮毂　　　c) 铝箱

材料名	比重	抗拉强度/(N/mm^2)	布氏硬度(HBW)
纯铝(A1100)	2.71	124	36
铝合金(A5052)	2.69	260	82
硬铝合金(A2017)	2.79	425	130
超硬铝合金(A2024)	2.77	490	145
超高硬铝合金(A7075)	2.8	570	170
一般结构用轧钢(SS400)	7.85	400	130
不锈钢(SUS304)	7.93	520	187
灰口铸铁(FC200)	7.2	200	223

d) 铝及其他材料的力学性能

▶▶ 2. 耐蚀铝加工

铝具有耐蚀性，因为它能与大气中的氧气结合，在表面形成一层薄薄的氧化铝膜，从而保护内部的铝。这层氧化膜的厚度约为 1nm（1mm 的一百万分之一），比不锈钢表面的氧化膜还要薄。图 3-22 所示的耐蚀铝加工工艺是一种阳极氧化方法，可人为地在铝表面形成一层强氧化膜。阳极氧化铝膜的厚度取决于制造方法，从 10μm 到 50μm 不等。

图 3-22　耐蚀铝加工（阳极氧化法）

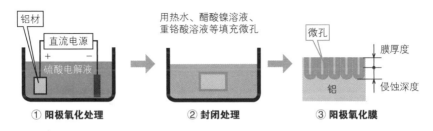

① 阳极氧化处理　　② 封闭处理　　③ 阳极氧化膜

▶▶ 3. 硬铝合金

硬铝是一种利用时效硬化现象的合金，如图 3-23 所示，铝合金从高温快速冷却后形成的过饱和固溶体会随着时间的推移析出细小的沉淀物，从而使材料硬化。硬铝合金（A2017）和超硬铝合金（A2024）的合金元素为 Cu、Mn、Mg，而超高硬铝合金（A7075）的合金元素为 Zn、Mg、Cu 和 Cr。如图 3-21d 所示，与 SS400 相比，硬铝合金的比重约为其 1/3，但强度更高。

图 3-23　硬铝合金的时效硬化

3.10

铝以外的非铁金属

思考一下铝以外的非铁金属的特性和用途。

▶▶ **1. 镁、镍和钛**

图 3-24a 所示的照相机壳体使用的镁是最轻的实用金属。图 3-24b 所示的喷气式发动机在起飞时涡轮入口的温度会超过 1600℃，高于镍的熔点。镍合金涡轮叶片内部是空心的，通过空气冷却，可以在熔点以上使用。图 3-24c 所示的摩托车消声器利用了钛在高温下的高强度特性。

图 3-24 镁、镍和钛

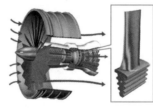

a) 照相机壳体(Mg)　　　　　b) 涡轮叶片(Ni)　　　　　c) 摩托车消声器(Ti)

材料名	比重	熔点/℃
一般结构用轧钢SS400	7.85	1580
硬铝合金A2017	2.79	500～600
镁Mg	1.74	650
镍Ni	8.9	1455
钛Ti	4.54	1668
铜Cu	8.96	1083
锌Zn	7.14	419.58
铅Pb	11.34	327.4
锡Sn	7.3	231.96

d) 各种金属的性质

▶▶ 2. 铜、锌、铅和锡

图 3-25 所示为发动机产生动力的曲柄连杆部分滑动轴承的一个例子。分为上下两部分的主轴瓦用于支承曲轴，止推垫圈则用于限制曲轴的轴向运动。滑动轴承中与轴颈相配的元件称为轴瓦，可以是以 Sn、Pb 为主要成分的白色金属、Cu-Pb 合金（铅青铜）或 Cu-Sn 合金（青铜）。

铜合金包括黄铜（Cu-Zn 合金）、铝青铜（主要是 Cu 和 Al，还有少量的 Fe、Ni 和 Mn）以及用于弹簧和滑动部件的磷青铜（Cu-Sn-P 合金）。在锌中添加 Al、Cu、Mg、Sn 等制成的锌合金具有高硬度和耐海水腐蚀性，因此被用于船舶轴承。铅会在表面形成一层稳定的氧化膜，对空气、淡水、海水和土壤有很强的耐蚀力。锡具有优异的耐蚀性，与其他金属的亲和性也很高，因此常在钢板表面镀锡（马口铁）。焊锡是一种典型的铅锡合金。目前，欧盟的 RoHS（限制使用某些有害物质）法规已促使电子设备转向使用不含铅的无铅焊料。

第 3 章 材料和机械工程

图 3-25　发动机滑动轴承（金属）

活塞销衬套

上止推垫圈

上主轴瓦

连杆轴瓦

曲轴

连杆轴瓦

下止推垫圈

下止推垫圈

轴瓦
油膜
旋转轴

滑动轴承通过在轴瓦和旋转轴之间形成压力油膜，从而支持旋转。

※ 止推垫圈用于限制曲轴的轴向 (中心线) 运动。

3.11

形状记忆合金和超弹性合金

能在特定条件下保持形状的金属和在发生变形后恢复原状的合金被广泛应用于日常生活的各个方面。

▶▶ 1. 形状记忆合金和超弹性合金

图 3-26a 所示为一种形状记忆合金（Shape Memory Alloy, SMA），这种合金材料在高温下形成，在低温下施加外力产生变形，然后当温度再次升高时可以恢复到原来的形状。①在 50℃ 条件下制成平板，②、③和④在室温下弯曲，⑤加热到 50℃ 或更高温度后恢复①的形状。④→⑤→①的形状变化是瞬时的，因为不需要很大的温差，因此可用于小型致动器。图 3-26b 所示为一种超弹性合金，当材料变形后将力去除时，它能恢复到原来的形状。①室温下的形状在②外力作用下产生变形，③当外力去除后，由于本身的弹性，材料又会恢复到①的形状。具有这些特性的合金有多种，但最稳定的且同时具有这两种特性的材料是经过特殊热处理的 Ni-Ti 合金。

图 3-26 形状记忆合金和超弹性合金

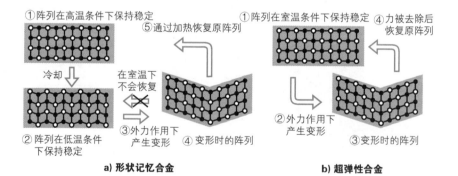

a) 形状记忆合金

b) 超弹性合金

▶▶ 2. Ni-Ti 合金的例子

图 3-27a 所示为一款使用形状记忆合金的恒温龙头。在高出水温度下，用适当自由长度的 SMA 线圈和偏置弹簧从两侧压住阀门。当通过温度设定旋钮挤压偏置弹簧时，可设置较高的出水温度，而当松开偏置弹簧时，则可设置较低的出水温度。①当出水温度低于设定值时，偏置弹簧向右推动阀门，增加热水流量，提高出水温度，使其更接近设定值；②当出水温度高于设定值时，SMA 线圈将向左推动阀门以增加冷水量，从而降低出水温度，使其更接近设定值。图 3-27b 所示为使用了超弹性合金的眼镜框的例子。①正常形状，②施加外力扭成麻花状，③发生很大变形，④当去除外力后，它又会恢复到①的形状。Ni-Ti 合金可用于正畸钢丝、医疗器械等。

第3章 材料和机械工程

图 3-27 Ni-Ti 合金的使用举例

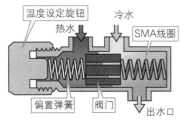

①当温度低于设定值时

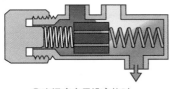

②当温度高于设定值时

a) 恒温龙头

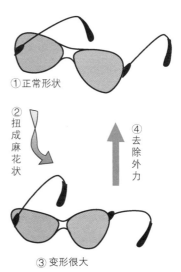

①正常形状

②扭成麻花状

④去除外力

③变形很大

b) 眼镜框

3.12

塑料和陶瓷

说到塑料，你可能会想到不耐热和易变形的材料，说到陶瓷，你可能会想到陶器和瓷器，但本节讲到的塑料和陶瓷都是作为工业材料使用的。

▶▶ 1. 工程塑料

塑料是在热或压力下可流动的聚合材料的总称，一般指合成树脂。适用温度能达到约 100℃ 的高强度材料被称为工程塑料（engineering plastics），不仅可用于工业应用，还可用于电气产品和办公自动化设备的外壳，有助于减轻重量。可在 150℃ 以上高温下长期使用的塑料也被称为超级工程塑料。塑料可分为热塑性塑料和热固性塑料，前者在加热时会变成流体，可以进行模塑；后者在成型后再次加热时不会再熔化。塑料制品是将原材料加热熔化后通过模具成型，然后将其冷却凝固而制成的。图 3-28a 所示是注射成型法，即使用螺杆泵或类似装置将熔融材料压入模具中。图 3-28b 所示是挤出成型法，是将熔融材料压入模具，生产出截面形状与模具截面形状相同的棒材、管材等产品。图 3-28c 所示是中空成型（吹塑）法，将压缩空气吹入圆柱形预热材料的内部，然后将其压在模具内壁上成型。图 3-28d 所示是热成型法，即通过加热片状材料并利用真空抽吸使其紧贴模具的型面而成型。

图 3-28 塑料成型方法

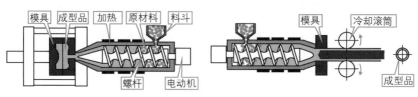

a) 注射成型法　　　　　　　　　b) 挤出成型法

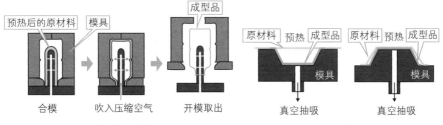

| o) 中空成型(吹塑)法 | d) 热成型法 |

▶▶▶ 2. 精细陶瓷

与陶瓷相似，通过对粉末原材料进行烧结和硬化，使其具有各种工业特性的制品称为精细陶瓷。如图 3-29a 所示，将固体粉末状的原材料和黏结剂放入模具中，在压力下加热使黏结剂熔化，熔化的黏结剂将固体粉末黏合，最后烧结硬化。可通过配制用作原材料的固体粉末来获得各种电气和机械性能。精细陶瓷应用范围非常广泛，包括集成电路封装（见图 3-29b）、切削工具（见图 3-29c）、发动机材料、涡轮、制动器和加热器。精细陶瓷的原材料有多种，如氧化铝、锆石、氮化铝和碳化硅，原材料的选择取决于具体的应用场景。

图 3-29 精细陶瓷

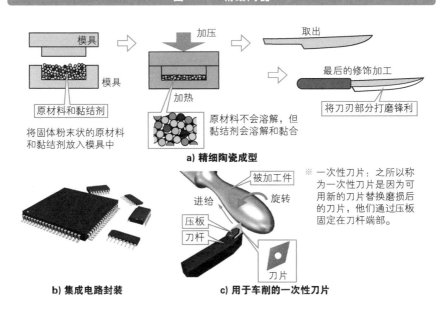

a) 精细陶瓷成型

b) 集成电路封装

c) 用于车削的一次性刀片

※ 一次性刀片：之所以称为一次性刀片是因为可用新的刀片替换磨损后的刀片，他们通过压板固定在刀杆端部。

3.13

纤维增强塑料和纤维增强金属

通过用柔软的玻璃纤维或者碳纤维制成主体形状，然后浸渍塑料或者金属制成的复合材料质轻、坚固，被广泛使用。

▶▶ 1. 纤维增强材料

纤维增强塑料（Fiber Reinforced Plastic，FRP）是通过将塑料渗透到由玻璃纤维、碳纤维等制成的基体中并使其凝固而制成的。纤维增强金属（Fiber Reinforced Metal，FRM）是硼纤维等与铁、铝、镁和钛等金属形成的复合材料。FRP 和 FRM 具有不生锈、重量轻、强度高、刚度大、绝缘性好等特点，被广泛应用于车辆、飞机、太空材料和弹簧等领域。图 3-30a 所示是手糊成型法，即把纤维浸泡在树脂溶液中，然后分层铺设到所需厚度，同时用滚子或类似工具去除气泡。图 3-30b 所示为模压成型，即将浸有树脂溶液的片材放入模具型腔之中加压，使其固化成型。图 3-30c 所示为一个施工实例，在对老化的管道内部进行预处理后，插入浸透树脂的圆筒状片材，然后通过气体压力使片材黏附到管道内部。这种方法称为内衬成型法，用于储罐等内部，FRP 黏附在材料表面可提供强度和耐蚀性。为了明确纤维增强材料所使用的纤维类型，可以用 GFRP（即 Glass Fiber Reinforced Plastics）、CFRP（即 Carbon Fiber Reinforced Plastics）或 BFRP（即 Boron Fiber Reinforced Plastics）表示。

图 3-30　FRP 的加工方法

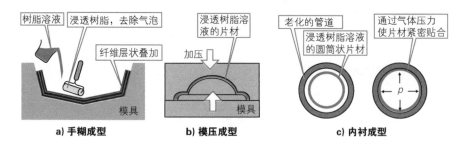

a) 手糊成型　　　b) 模压成型　　　c) 内衬成型

▶▶ 2. FRP 和 FRM 在汽车中应用的例子

图 3-31a 所示是在钢制车架上安装 FRP 车身以减轻重量的汽车实例。图 3-31b 所示是一种发动机气缸，其中气缸套是发动机燃烧室中与活塞配合的滑动部件，其材料由普通铸铁改为了 FRM 并直接铸入气缸体中。

图 3-31　FRP 和 FRM 在汽车中应用的例子

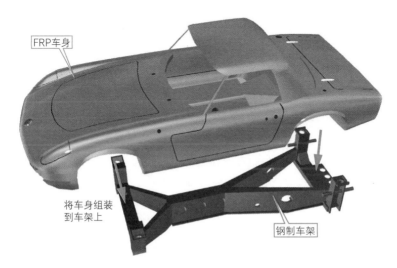

FRP车身

将车身组装到车架上

钢制车架

a) 钢制车架和FRP车身

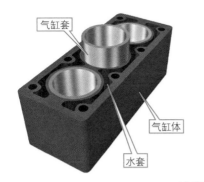

气缸套

气缸体

水套

铸铁气缸套

FRM气缸套

气缸套是为活塞提供滑动表面的零件，材质可由铸铁改为FRM，以减轻气缸体的重量，增加排量，提高强度和冷却效果。

b) FRM气缸套

3.14

非晶合金

金属具有金属晶体，不过也有不具有晶体结构的玻璃状金属，它们被称为非晶合金，意思是非晶体。

非晶合金是通过以 10000~1000000℃/s 的速度对熔融金属进行急冷，在原子来不及有序排列结晶之前凝固形成的。它具有优异的力学、耐蚀和电磁特性，可用于电力变压器、电机铁心、磁头、医疗设备传感器和太阳能电池等。图 3-32a 所示为一种称为单辊法的制造方法，即把熔融金属连续送入高速旋转的冷却辊表面，然后进行急冷，可生产出长条形的箔状非晶合金材料，这种方法需要大量设备。图 3-32b 所示为火焰喷涂法，是传统热喷涂工艺的一种应用，它将熔融金属喷射到被加工表面形成薄膜，熔融金属以火焰的形式从喷枪喷嘴喷出，并在冷却气体的作用下进行急冷，从而在被加工表面形成一层非晶薄膜。这种方法适用于需要表面摩擦力和硬度的情况，如需要耐蚀和耐热的锅炉管以及大跨度桥梁和高速公路的伸缩缝。与单辊法不同，它不需要大量设备。

图 3-32　非晶合金的制造方法

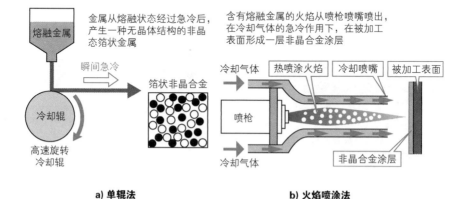

a) 单辊法　　　　　　　　　　　　b) 火焰喷涂法

机械中的力和运动

在机械工程中，从自然科学中学到的力学被应用到机械的力和运动中，从而将力转换为功或产生所需的运动。这就是所谓的"机械力学"或"应用力学"。在本章中，我们将以日常生活中的力和运动为主题进行讨论。

4.1

力

力是物体形状和运动状态发生变化的根源。力是用箭头表示的矢量，箭头的方向表示力的方向，箭头的长度表示力的大小。

▶▶ **1. 力的作用**

图 4-1a 所示为用模锻方法将板材制成煎锅，这是通过压力机施加压力使材料变形的一个例子。在图 4-1b 中，一个静止的物体除非受到外力的作用，否则将保持静止不动，这是一个物体在外力 *F* 作用下移动的例子。图 4-1a、b 中的力是接触力，即施力物体和受力物体直接接触。图 4-1c 所示为从地面观察到的地球与物体之间的万有引力，可以看作是地球引力将物体拉向地球。由于地球和物体是分开的，所以地球引力为非接触力。图 4-1d 所示为绳子提拉有重力作用的物体而产生的拉力，地球对物体的引力与绳子产生的拉力相平衡。图 4-1e 所示为一个受外力作用而变形的弹性体要返回原位时所具有的弹力。

| 图 4-1　力的作用 |

a) 铁板的塑形加工

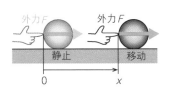

物体在受到外力F（来自物体外部的力）作用时，其运动状态会发生变化

b) 使物体运动的外力

从地面观察地表附近无支撑物体与地球之间的万有引力时，似乎可以看到物体是被地球引力F吸引落下的

如果不考虑绳子本身微小重力的话，则在绳子上产生了和地球吸引物体的引力同样大小的提拉物体的拉力

c) 坠落的物体

d) 绳子上产生的拉力

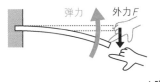

在弹性体上产生了取决于变形量的弹力

e) 弹力

▶▶▶ **2. 标量**

如图 4-2 所示，物体的长度可以通过表示用尺子测量的量的大小的数值加上长度单位 cm 来表示。这种只用一个性质就可以表示的物理量称为标量。

| 图 4-2 标量 |

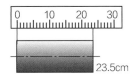

23.5cm

▶▶ 3. 力是矢量

图 4-3a 所示为一个大小为 F 的力在推动一个物体，箭头直观地表示了实际上看不到的力。图 4-3b 则省略了力的来源——手，该图表示了不管物体是被推着还是被拉着，都是向右的力在作用。图 4-3c 所示为力 F 推动物体的情况。力是一种物理量，用表示力大小的数值加上单位 N 表示。力也是一种矢量，如图 4-3d 所示，用箭头的长度表示力的大小，用箭头的方向表示力的方向。在考虑力矢量时，力的三要素是力的作用点、力的大小和力的方向。图 4-3a、b、c 中的矢量虽然位置不同，但长度和方向相同，因此称为等矢量。

图 4-3 力是矢量

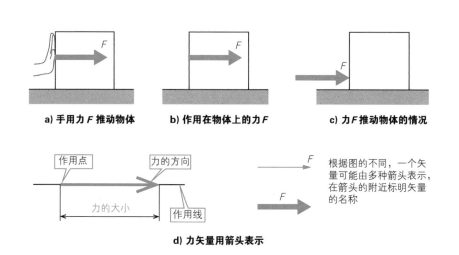

a) 手用力 F 推动物体   b) 作用在物体上的力 F c) 力 F 推动物体的情况

作用点   力的方向

力的大小   作用线

根据图的不同，一个矢量可能由多种箭头表示，在箭头的附近标明矢量的名称

d) 力矢量用箭头表示

力、质量和重力

什么是力？对于这个问题可以从不同的角度来思考。在机械工程中，历来是以外力和重力为基准来研究力的。

▶▶ 1. 外力和质量

物体具有维持现在的运动状态的惯性，表示物体惯性大小的固有量称为质量 m。质量是单位为 kg 的标量，是 SI 的基本量。如图 4-4a 所示，当对水平面上静止的质量分别为 m_A 和 m_B 的两个物体 A 和 B 施加相同的外力 F 时，如果 A 物体比 B 物体运动得更剧烈的话，则 B 物体的惯性更大，质量更大。在图 4-4b 中，对光滑平面上的质量为 m 的物体施加外力 F，使物体沿力的方向发生速度变化 dv 时，外力表示为 $F=ma$，其中加速度 a 是表示单位时间内速度变化大小的量。加速度是单位为 m/s^2 的矢量，$1m/s^2$ 定义为 1N 的力施加到质量为 1kg 的物体上所产生的加速度的大小。

图 4-4 外力和质量

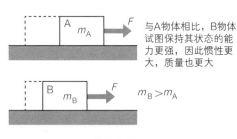

与 A 物体相比，B 物体试图保持其状态的能力更强，因此惯性更大，质量也更大

$m_B > m_A$

a) 物体的质量

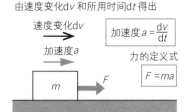

由速度变化 dv 和所用时间 dt 得出

速度变化 dv

加速度 a

加速度 $a = \dfrac{dv}{dt}$

力的定义式

$F = ma$

b) 力的定义

▶▶ 2. 质量和重力

地球上所有的物体都被地球和物体之间的万有引力所吸引。当我们站在质量绝对大的地球上观察万有引力时，所有物体都受到了一种将它们拉向地球的力的作用，这种力叫作重力，是一个垂直向下的矢量，其大小与物体的质量成正比。当力作用在物体上时会产生加速度，重力对物体产生的加速度用重力加速度 g 表示。重力加速度因所处的位置不同而异，因此重力并不是一个物体固有的量。在图 4-5 中，物体的质量为 m，重力加速度为 g，重力为 F，用 $F = mg$ 表示。在一般计算中，$g = 9.8 \text{m/s}^2$。

图 4-5　质量和重力

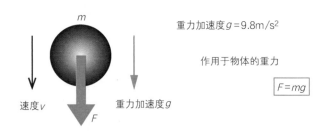

重力加速度 $g = 9.8 \text{m/s}^2$

作用于物体的重力

$F = mg$

速度 v　　重力加速度 g

a) 无支撑物体的垂直向下运动(坠落)

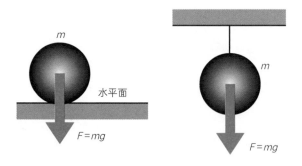

水平面

$F = mg$

$F = mg$

b) 有支撑的物体是静止的

▶▶ 3. 质量和重量

质量和重量这两个术语常用于日常生活中的物品。许多小物件和家用电器都用质量来描述，而重量则多用于汽车和摩托车等机械产品的规格表中。重量是一个单位为 N 的矢量，因为它代表"作用在物体上的重力的大小"，但在日常生活中提到重量，常以质量（kg）表示。在本书中，重量与符号 w 一起使用，表示"作用于物体的重力对其他物体施加的力"。重量 w 的大小等于重力 F，因此 $w = mg$。1L 水的质量为 1kg，则重量为 $w = mg = 1kg \times 9.8 m/s^2 = 9.8N$。

图 4-6 质量和重量

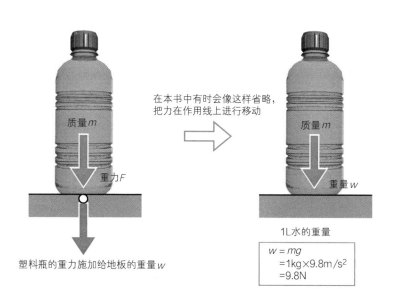

质量 m

重力 F

在本书中有时会像这样省略，把力在作用线上进行移动

塑料瓶的重力施加给地板的重量 w

质量 m

重量 w

1L水的重量

$$w = mg$$
$$= 1kg \times 9.8m/s^2$$
$$= 9.8N$$

4.3

作用力、反作用力和力的平衡

当一个力作用在两个物体之间时，会在相互作用的物体上产生一个大小相等、方向相反的力。这就是作用力和反作用力；当多个力作用在一个物体上，而该物体保持静止不动时，我们称这些力为平衡力。

▶▶ 1. 作用力和反作用力

如图 4-7 所示，当手用力 F 推墙壁时，在墙壁上会产生大小相同、方向相反的把手推回的垂直抗力 N。F 的作用点位于手和墙壁接触面的墙壁一侧，而 N 的作用点位于手的一侧。把 F 作为作用力，N 作为反作用力比较容易理解，但是作用力和反作用力是成对的现象，可以自由设定哪一个是作用力，哪一个是反作用力。作用力和反作用力是在两个物体间产生的相互作用力。

图 4-7 作用力和反作用力

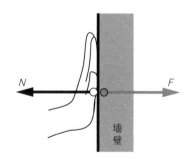

$$F = -N$$
F：手推墙壁的力(作用力)
N：墙壁施加给手的垂直抗力(反作用力)

▶▶ 2. 力的平衡

在图 4-8a 中，当作用在一个物体上的两个力 F_1 和 F_2 处于同一作用线上，大小相等，方向相反，即 $F_1 + F_2 = 0$ 时，称这两个力处于平衡状态。图 4-8b 所示为作用在物体上的两个水平力去除后的状态。F 是物体在重力作用下由于重量 w 而施加给地板的力，N 是地板施加给物体的力，为了方便说明，三个力的作用线被间隔开了，但它们的作用线实际是相同的。F 和 N 是物体和地板之间的相互作用，因此它们是一对作用力和反作用力。以物体为分析对象，作用在同一物体上的力为 $w + N = 0$，二力平衡，物体处于静止状态。图 4-8c 所示为用绳子悬挂在顶棚上的物体，假设绳子的质量很小，只考虑作用在顶棚、绳子和物体之间的力。在相互作用力方面，绳子与物体连接点处为 $F_1 = -T$，绳子与顶棚连接点处为 $R = -F_2$；在力的平衡方面，对于物体是 $w + T = 0$，对于绳子是 $F_1 + F_2 = 0$。

图 4-8　力的平衡

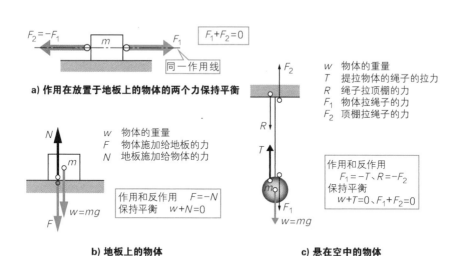

a) 作用在放置于地板上的物体的两个力保持平衡

w 物体的重量
T 提拉物体的绳子的拉力
R 绳子拉顶棚的力
F_1 物体拉绳子的力
F_2 顶棚拉绳子的力

w 物体的重量
F 物体施加给地板的力
N 地板施加给物体的力

作用和反作用　$F = -N$
保持平衡　　$w + N = 0$

作用和反作用
　$F_1 = -T$、$R = -F_2$
保持平衡
　$w + T = 0$、$F_1 + F_2 = 0$

b) 地板上的物体

c) 悬在空中的物体

▶▶ 3. 重力的作用和反作用

到目前为止，我们已经介绍了接触力的作用和反作用。图 4-9a 和 b 所示的引力 F 是由物体和地球之间的非接触作用而产生的力，因此与物体相互作用的对象是地球。换句话说，与物体所受重力成对的力是物体对地球的引力。

图 4-9 重力的作用和反作用

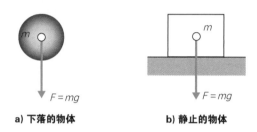

a) 下落的物体　　　　　　b) 静止的物体

▶▶ 4. 作用、反作用和平衡

在图 4-8b 和 c 中，物体处于静止状态，因此作用力的大小由物体的重量决定。在图 4-10 中，握住物体的手对物体施加的力 F 是作用力，当改变 F 的大小时，物体的运动由 F 与物体重量 w 的平衡决定。物体的重量始终不变，即使大小发生变化，作用力与反作用力的相互作用也始终成立。

图 4-10 作用、反作用和平衡

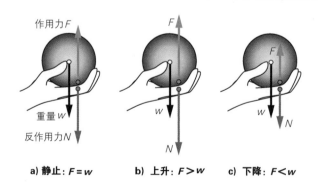

a) 静止：$F = w$　　　b) 上升：$F > w$　　　c) 下降：$F < w$

4.4

力的合成和分解

力可以由多个力合成为一个合力，也可以把一个力分解为多个分力。本节通过图解的方式进行力的合成和分解。

▶▶▶ 1. 力的合成

图 4-11a 所示为基本的力的合成方法，其中合力 F 是作用在一点上的两个力 F_1 和 F_2 所形成的平行四边形的对角线。图 4-11b 所示为平衡状态，大小相同、反向相反的力在作用线上的一点保持平衡，合力为零。图 4-11c 所示为两个力的正交分量和合力的大小。图 4-11d 所示为一个力的三角形，利用"大小和方向相等的矢量为等矢量"的特性进行了力的平移。图 4-11e 所示为一个力的多边形，其中平行移动力的作用点使其与基准力 F_1 箭头的前端相连，利用一系列力三角形即可求出从基准力作用点到最后一个移动的箭头前端的合力 F。图 4-11f 所示为作用在一个物体不同点上的力的合成，作用线的交点是合力的作用点，移动两个力即可求出合力。

图 4-11　力的合成

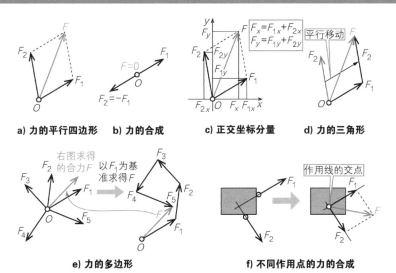

a) 力的平行四边形　　b) 力的合成　　　　c) 正交坐标分量　　　d) 力的三角形

e) 力的多边形　　　　　　　　　f) 不同作用点的力的合成

▶▶ 2. 多力的平衡

图 4-12a 所示为图 4-11e 中五个力的合力。在图 4-12b 中，从最后一个移动的力的箭头前端到基准力的作用点所得到的矢量 F' 与图 4-12a 中的合力 F 在同一作用线上，是一个与 F 大小相等、方向相反的力，与合力 F 相平衡，如图 4-12c 所示。闭合力多边形的合力为零，如图 4-12b 所示，作用在作用点上的几个力处于平衡状态。

图 4-12 合力的求解

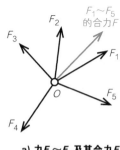

a) 力 $F_1 \sim F_5$ 及其合力 F

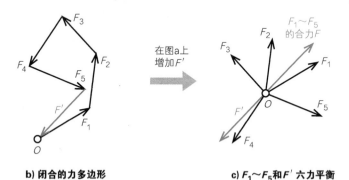

b) 闭合的力多边形

在图 a 上增加 F'

c) $F_1 \sim F_5$ 和 F' 六力平衡

▶▶ 3. 力的分解

在分解一个力时，要在力的两侧设置两条作用线，并把要分解的力放在平行四边形的对角线上。图 4-13a 所示为一个力 F 作为平行四边形的对角线，力被分解在两条作用线上。图 4-13b 所示为物体的重力 F 对绳子施加的力，以悬挂物体的两根绳子为作用线。图 4-13c 所示为楔子两侧面对木材施加的力，作用线垂直于楔子侧面。

图 4-13　力的分解

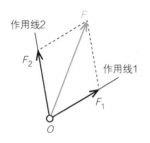

F_1、F_2：力 F 沿着给定的作用线1和2求得的分力

a) 力的平行四边形

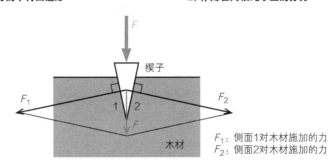

F_1：F 对绳子1施加的力
F_2：F 对绳子2施加的力

b) 作用在两根绳子上的分力

F_1：侧面1对木材施加的力
F_2：侧面2对木材施加的力

c) 楔子两侧面对木材施加的力

4.5

力矩

使物体转动的能力称为矩，由力产生的矩称为力矩。

▶▶ 1. 力矩

衡量物体转动能力大小的量称为矩。产生矩的源头有多种，如力、磁力、运动和惯性等，因此由力产生的矩称为力矩。在图 4-14a 中，无论物体的形状如何，从作为旋转中心的 O 点到力 F 作用线的垂直距离 L 称为力臂，O 点的力矩大小用力的大小×力臂表示。力矩的 SI 单位是 N·m，因为在机械工程中长度的单位常用 mm，所以力矩的单位也用 N·mm。图 4-14b 和 c 所示为力 F 以倾角 θ 作用在物体长度 L 上的情况。图 4-14b 所示为通过计算与力 F 有关的力臂 L' 来计算力矩的示例，图 4-14c 所示为通过计算与力臂 L 垂直的力 F_y 来计算力矩的示例。

图 4-14　力矩

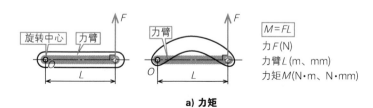

$$M = FL$$
力 F (N)
力臂 L (m、mm)
力矩 M (N·m、N·mm)

a) 力矩

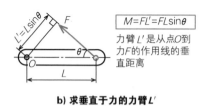

$$M = FL' = FL\sin\theta$$
力臂 L' 是从点 O 到力 F 的作用线的垂直距离

b) 求垂直于力的力臂 L'

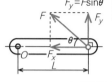

$$M = F_y L = FL\sin\theta$$
F_y 是 F 在垂直于力臂方向的分力，产生动量 F_x 因为不会对 O 点产生旋转作用，所以不使用

c) 求垂直于力臂的分力 F_y

2. 多个力的力矩

图 4-15 所示为三个力 F_1、F_2 和 F_3 分别对一个以 O 点为旋转中心的物体施加的力矩，将所受力矩的代数和作为作用在物体上的力矩。旋转方向的符号是任意的。在实际计算中，通常顺时针旋转使用 + 表示，而在分析和自然科学中，通常是逆时针旋转用 + 表示。图 4-15b 所示为先利用图 4-11 力的合成方法求出作用在物体上的合力 F_{123} 和力臂 L，从而确定力矩。从图中可以看出，旋转方向为顺时针方向。

图 4-15 多个力的力矩

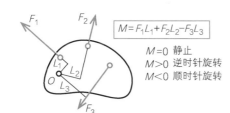

$$M = F_1L_1 + F_2L_2 - F_3L_3$$

$M = 0$ 静止
$M > 0$ 逆时针旋转
$M < 0$ 顺时针旋转

力 F_1、F_2、F_3 和力臂 L_1、L_2、L_3 得到的力矩的代数和就是作用在物体上的力矩 M

a) 各力力矩的代数和

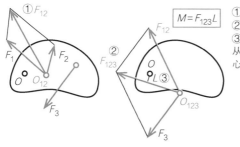

$$M = F_{123}L$$

① 求 F_1、F_2 的合力 F_{12}
② 求 F_{12} 和 F_3 的合力 F_{123}
③ 求从旋转中心 O 点到 F_{123} 的力臂 L
从图中可以看出，物体是以 O 点为中心顺时针旋转

b) 合力的力矩

▶▶ 3. 力偶矩

　　大小相等、方向相反的两个平行力称为力偶。在作用线的方向上，力偶相互抵消，因此它们不能移动物体，但可以使物体旋转。在图 4-16 中，两个力之间的间隔称为力偶臂 L。无论旋转中心 O 在哪里，只受力偶作用的物体都会产生力偶矩 $M=FL$。

图 4-16　力偶矩

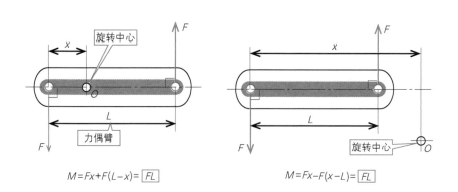

$$M=Fx+F(L-x)=\boxed{FL}$$

$$M=Fx-F(x-L)=\boxed{FL}$$

4.6

重心

重力作用在物体上的点是物体的重心，可以看作平面图形重心的点称为形心。质量均匀分布的物体的重心可以用形心来代替。

▶▶ 1. 两平行力的合成

图 4-17a 所示为在 X 坐标轴上施加平行的两个力 F_1 和 F_2，假设 F_1 和 F_2 以 O 点为中心产生的力矩之和等于合力 F 产生的力矩，求合力 F 的作用点 x。图 4-17b 的受力情况和图 4-17a 相同，假设 F_1 和 F_2 在 x 点产生的力矩互相平衡，求合力 F 的作用点 x。

图 4-17 两平行力的合成

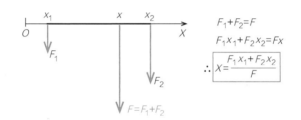

$$F_1 + F_2 = F$$
$$F_1 x_1 + F_2 x_2 = Fx$$
$$\therefore x = \frac{F_1 x_1 + F_2 x_2}{F}$$

a) 力矩之和=合力之矩

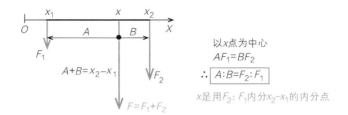

$$A + B = x_2 - x_1$$

以 x 点为中心
$$AF_1 = BF_2$$
$$\therefore A : B = F_2 : F_1$$

x 是用 $F_2 : F_1$ 内分 $x_2 - x_1$ 的内分点

b) x 点的力矩之和为0

▶▶ 2. 确定重心

在图 4-18 中，假设重量为 W 的物体的微小组成部分的重量和坐标分别为 w_1（x_1，y_1）、w_2（x_2，y_2）、w_3（x_3，y_3）、……，重心 G 的坐标为 G（x_G，y_G）。如图 4-17a 所示，在 X 轴和 Y 轴方向上，所有微小组成部分的力矩之和等于重心在各轴方向上的力矩。由此可以得到重心的坐标 G（x_G，y_G）。

图 4-18　确定重心

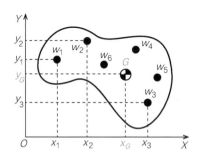

增加图4-17a中力的数量，并以原点 O 为中心，根据 X 轴和 Y 轴上的力矩平衡求出重心位置

● 物体的总重量 W

　$W = w_1 + w_2 + w_3 + \cdots$

● X 轴上的力矩平衡

　$w_1 x_1 + w_2 x_2 + w_3 x_3 + \cdots = W x_G$

● 重心 G 在 X 轴的坐标 x_G

$$x_G = \frac{w_1 x_1 + w_2 x_2 + w_3 x_3 + \cdots}{W}$$

● Y 轴上的力矩平衡

　$w_1 y_1 + w_2 y_2 + w_3 y_3 + \cdots = W y_G$

● 重心 G 在 Y 轴的坐标 y_G

$$y_G = \frac{w_1 y_1 + w_2 y_2 + w_3 y_3 + \cdots}{W}$$

▶▶ 3. 形心和重心

平面图形的重心称为形心。如图 4-19a 所示，质量均匀的物体的重量与面积成正比，所以物体的重心可以用形心来代替，进而可根据面积求出重量。将面积为 A 的物体分为两个矩形①和②，设 a_1（x_1，y_1）和 a_2（x_2，y_2）分别表示两个矩形的面积和形心坐标。通过以原点 O 为中心的过两个矩形①和②形心的力矩之和与面积为 A 的物体的力矩相等，可以确定物体的重心 G（x_G，y_G）。在图 4-19b 中，将与图 4-19a 中相同的物体视为由矩形①去掉矩形②所得。从而确定整个物体的重心。假设被去除部分的面积为负，因此矩形②的力矩符号为负。

图 4-19　形心和重心

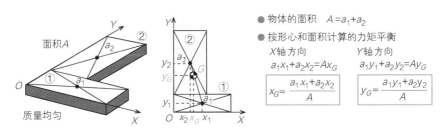

- 物体的面积　$A = a_1 + a_2$
- 按形心和面积计算的力矩平衡

X 轴方向
$$a_1 x_1 + a_2 x_2 = A x_G$$
Y 轴方向
$$a_1 y_1 + a_2 y_2 = A y_G$$

$$x_G = \frac{a_1 x_1 + a_2 x_2}{A}$$

$$y_G = \frac{a_1 y_1 + a_2 y_2}{A}$$

a) 根据平面图形的组合法确定重心

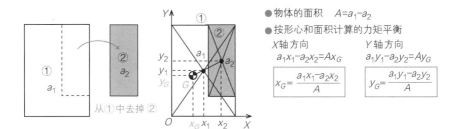

- 物体的面积　$A = a_1 - a_2$
- 按形心和面积计算的力矩平衡

X 轴方向
$$a_1 x_1 - a_2 x_2 = A x_G$$
Y 轴方向
$$a_1 y_1 - a_2 y_2 = A y_G$$

$$x_G = \frac{a_1 x_1 - a_2 x_2}{A}$$

$$y_G = \frac{a_1 y_1 - a_2 y_2}{A}$$

b) 根据平面图形的负面积法确定重心

4.7

平面运动

物体会发生各种各样的运动。在本节中，我们将介绍两个正交轴表示的水平面和垂直面上的基本运动。

▶▶ 1. 速率和速度

在图 4-20 中，一个物体以 v_{AB} =1m/s 的速度从 10m 处的 A 点运动到 B 点，并以 v_{BA} =2m/s 的速度从 B 点运动返回到 A 点，其平均速率 v 为 1.3m/s。如图 4-20 下图所示，平均速率不应该是（v_{AB} + v_{BA}）/2=1.5m/s。请注意，从 A 点到 B 点和从 B 点到 A 点的运动速度是具有方向的矢量速度，而两点之间的往复运动速度是只有大小的标量速度。

图 4-20　速率和速度

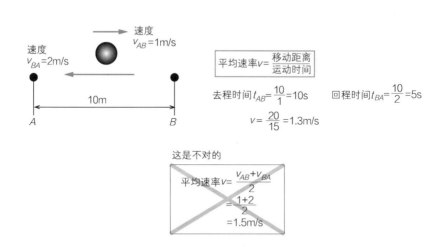

▶▶ 2. 等加速运动

在图 4-21a 中，当物体在 t 秒内从速度 v_0 变为 v，加速度为 a 时，等式（1）~（4）成立。当 a 为正值时，速度增加；当 a 为负值时，速度减小。如图 4-21b、c 所示，通过观察加速度为恒定值 a 的等加速运动的时间-速度图，可以直观地明白公式（3）和公式（4）。

图 4-21 等加速运动

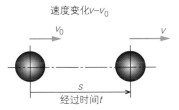

速度变化 $v - v_0$

经过时间 t

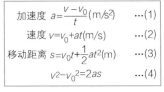

加速度 $a = \dfrac{v - v_0}{t}$ (m/s²) …(1)

速度 $v = v_0 + at$ (m/s) …(2)

移动距离 $s = v_0 t + \dfrac{1}{2}at^2$ (m) …(3)

$v^2 - v_0^2 = 2as$ …(4)

a) 加速运动

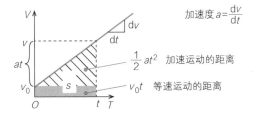

加速度 $a = \dfrac{\mathrm{d}v}{\mathrm{d}t}$

$\dfrac{1}{2}at^2$ 加速运动的距离

$v_0 t$ 等速运动的距离

b) 时间-速度图中的公式(3)

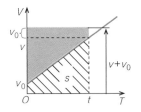

根据公式(1) $t = \dfrac{v - v_0}{a}$

根据梯形的面积

$s = \dfrac{1}{2}\dfrac{v - v_0}{a}(v + v_0)$

$2as = (v - v_0)(v + v_0) = v^2 - v_0^2$

c) 时间-速度图中的公式(4)

第 4 章 机械中的力和运动

▶▶ **3. 落体运动和斜抛运动**

在图 4-22a 所示的落体运动中，用重力加速度 g 代替图 4-21a 公式 (1)~(4) 中的加速度 a。当初速度 v_0 为零时，自由落体时的重力加速度 g 为正；当初速度 v_0 向下、垂直下抛时的重力加速度 g 为正；当初速度 v_0 向上、垂直上抛时的重力加速度 g 为负。图 4-22b 所示为将一个物体以初速度 v_0 和水平倾斜角 θ 斜抛。如果不考虑空气阻力等因素，将 v_0 分解为水平分速度 v_{0x} 和垂直分速度 v_{0y}，则水平方向可视为初速度为 v_{0x} 的匀速运动，垂直方向可视为初速度为 v_{0y} 的垂直上抛运动。

图 4-22 落体运动和斜抛运动

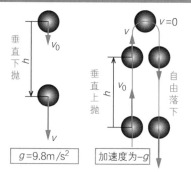

重力加速度 $g = 9.8(\text{m/s}^2)$ ··· (1)
速度 $v = v_0 \pm gt\,(\text{m/s})$ ··· (2)
垂直距离 $h = v_0 t \pm \dfrac{1}{2}gt^2\,(\text{m})$ ··· (3)
$v^2 - v_0{}^2 = \pm 2gh$ ··· (4)
※ 当初速度 v_0 向上时为 −

a) 落体运动

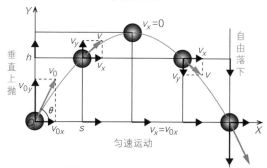

水平距离 $s = v_{0x}t\,(\text{m})$ 垂直距离 $h = v_{0y}t - \dfrac{1}{2}gt^2\,(\text{m})$

	初速度 /(m/s)	速度 /(m/s)
水平方向	$v_{0x} = v_0\cos\theta$	$v_x = v_{0x}$ 一定
垂直方向	$v_{0y} = v_0\sin\theta$	$v_y = v_{0y} - gt$

b) 斜抛运动

4.8

匀速圆周运动

如果在与物体速度垂直的方向施加恒定的力，物体将改变其速度的方向并持续做圆周运动。

▶▶ **1. 旋转的表示方法**

在图 4-23 中，P 点以恒定的速度绕 O 点做圆周运动，这种运动称为匀速圆周运动。圆的切线方向上的线速度 v 的大小是恒定的，但方向是不断变化的，所以不是匀速运动。角度 θ 的单位是弧度（rad）。旋转速度也可用单位时间内的旋转角度，即角速度 ω 表示。此外，还可以用旋转一周所需的时间周期 T、单位时间内旋转的转数 n 等来表示旋转。在机械工程实践中，经常使用转速，r/s 是 revolutions per second（每秒转数）的缩写，表示每分钟转数的 r/m（revolutions per minute）也会用到。

第 4 章 机械中的力和运动

图 4-23　旋转的表示方法

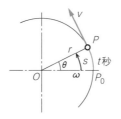

设旋转半径为 r(m)、旋转角度为 θ (rad)、$\overset{\frown}{P_0P}$ 的移动时间 t(s)、$\overset{\frown}{P_0P}$ 的长度为 s(m)

● 线速度 v(m/s)　　$\boxed{v=\dfrac{s}{t}}$ …(1)　　$\boxed{s=r\theta}$ …(2)　　根据(1)、(2)　$\boxed{v=r\dfrac{\theta}{t}}$ …(3)

● 角速度 ω (rad/s)　$\boxed{\omega=\dfrac{\theta}{t}}$ …(4)　根据(3)、(4)　$\boxed{v=r\omega}$ …(5)　∴ $\boxed{\omega=\dfrac{v}{r}}$ …(6)

● 周期 T(s)　$\boxed{T=\dfrac{2\pi}{\omega}=\dfrac{2\pi r}{v}}$ …(7)　　● 转速 n(r/s)　$\boxed{n=\dfrac{1}{T}=\dfrac{\omega}{2\pi}=\dfrac{v}{2\pi r}}$ …(8)

▶▶ 2. 向心加速度和向心力

在图 4-24 中，为了使质量为 m 的物体做圆周运动，需要一个加速度来不断改变圆周轨道方向上的线速度 v，这个与线速度垂直的加速度称为向心加速度 a。根据力 $F=ma$ 的定义，当向心加速度 a 作用在质量为 m 的物体上时，就会产生公式（2）中的向心力 F。

图 4-24　向心加速度和向心力

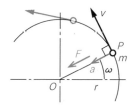

假设质量为 m(kg)、半径为 r(m)、线速度为 v(m/s)、角速度为 ω(rad/s)

● 向心加速度 a(m/s²)　$\boxed{a=r\omega^2=\dfrac{v^2}{r}}$　… (1)

● 向心力 F(N)　$\boxed{F=ma=mr\omega^2=m\dfrac{v^2}{r}}$　… (2)

▶▶ 3. 向心力和离心力

图 4-25a 所示是一个将坐标原点（即物体的旋转中心）固定在地球上观察运动的坐标系，称为惯性坐标系或静止坐标系。图 4-25b 所示是一个非惯性坐标系，在该坐标系中，运动是通过随物体旋转的坐标系来观察的。在非惯性坐标系中，速度是恒定的，向心力不会导致速度的变化，而是起到将物体拉向坐标原点的作用。由于物体实际上静止在离坐标原点 r 的位置上，因此它似乎受到一个方向相反的力 F' 的作用，该力与 F 保持平衡。因为 F' 作用于使物体远离旋转中心的方向，因此叫作离心力。离心力是由非惯性坐标系中物体的惯性引起的，称为视示力。

图 4-25 向心力和离心力

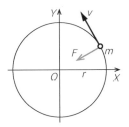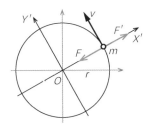

a) 惯性坐标 XY　　**b) 非惯性坐标 X′Y′**

假设质量为 m(kg)、半径为 r(m)、线速度为 v(m/s)、
角速度为 ω(rad/s)、向心加速度为 a(m/s^2)、
向心力为 F(N)、离心力为 F'(N)

$$F=ma=mr\omega^2=m\frac{v^2}{r}$$ 　$$F'+F=0$$

当骑自行车转弯时，如图 4-26 所示，我们会感受到离心力，并在离心力的作用下产生一个倾斜角 θ。向心力和离心力的大小与自行车和人的总重量 w 的水平分力相等。从公式中可以看出，正如我们在日常生活中所经历的那样，倾斜角 θ 与重量 w 无关，而是由转弯半径和速度决定的。

图 4-26 自行车的离心力

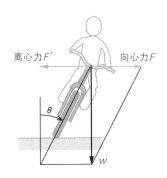

离心力 F'　　　向心力 F

重量 w、速度 v、半径 r

$$w=mg \quad F=m\frac{v^2}{r}$$

$$\tan\theta=\frac{F}{w}=\frac{mv^2}{rmg}=\frac{v^2}{rg}$$

$$\therefore \theta=\tan^{-1}\frac{v^2}{rg}$$

θ 与 w 无关，v 越大、r 越小，θ 越大。

4.9

机械的功和功率

当力作用在物体上，物体沿力的方向运动时，力与运动距离的乘积称为功。单位时间内做的功称为功率。

▶▶▶ 1. 功

在图 4-27a 中，无论物体的质量大小，物体受到的力 F 与运动距离 s 的乘积 $W=Fs$ 称为功，SI 单位为 N·m，但我们通常使用具有专门名称的 SI 导出单位 J（焦耳）。在图 4-27b 中，如果力的方向和运动方向不同，则运动方向和物体运动所需力的作用线应该重合。如果物体没有产生运动，例如对地板上的物体施加的垂直力或推固定墙壁的力，无论多大，功都是零。

图 4-27　功

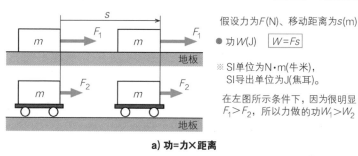

假设力为 F(N)、移动距离为 s(m)

● 功 W(J)　$\boxed{W=Fs}$

※ SI 单位为 N·m(牛米)，
　SI 导出单位为 J(焦耳)。

在左图所示条件下，因为很明显 $F_1>F_2$，所以力做的功 $W_1>W_2$

a) 功=力×距离

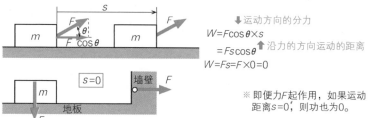

↓运动方向的分力
$W=F\cos\theta\times s$
$\quad=Fs\cos\theta$ ↑沿力的方向运动的距离
$W=Fs=F\times0=0$

※ 即便力 F 起作用，如果运动距离 $s=0$，则功也为 0。

b) 移动距离是指沿力的方向移动的距离

▶▶ 2. 力和功

据说古代金字塔的建造是通过使用斜面来运送大型石材的。在图 4-28 中，为了将重量为 100N 的物体移动到 1.5m 的高度，A 使用斜面将其拉起，而 B 则垂直向上拉起。在不考虑摩擦等阻力的情况下，比较两人的做功情况：A 用 B 一半的力移动物体，但需要移动的距离却是 B 的两倍，所以所做的功大小相同。这意味着虽然节省了力，但做的功并没有减少。

图 4-28　力和功

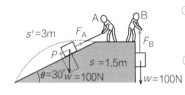

① A 做的功 W_A
$F_A = P = w\sin\theta = 100/2 = 50\text{N}$
$W_A = F_A s' = 50 \times 3 = 150\text{J}$

② B 做的功 W_B
$F_B = w = 100\text{N}$
$W_B = F_B s = 100 \times 1.5 = 150\text{J}$

▶▶ 3. 功和功率

在图 4-29 中，功 $W = Fs$ 除以做功所需的时间 t 所得的值 $P = W/t$ 称为功率。功率的 SI 单位是 J/s，但与功的单位 J（焦耳）一样，也通常使用具有专门名称的 SI 导出单位 W（瓦特）。由功率的定义可知，在短时间内做大量的功需要很大的功率。如果我们根据运动距离和时间来考虑物体速度的话，那么功率也可以表示为力和速度之间的关系。

图 4-29　功和功率

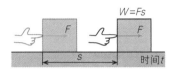

假设力为 F(N)、移动距离为 s(m)、功为 W(J)、时间为 t(s)

● 功率 P(W)　$P = \dfrac{W}{t}$　※设 $\dfrac{s}{t}$ 为速度 v

由 $W = Fs$ 得　$P = F\dfrac{s}{t}$　∴ $P = Fv$

第 4 章　机械中的力和运动

4.10
机械能

能量是做功的能力。运动物体的动能和物体具有的势能之和称为机械能。

▶▶ 1. 功和动能

在图 4-30 中，外力对静止物体所做的功 W 使物体产生运动，成为物体的动能。具有动能的物体可以对外做功。能量和功可以相互交换，单位是 J。

图 4-30　功和动能

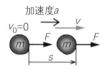

对质量为 m 的静止物体施加力 F，使其移动 s 的距离，从功 $W=Fs$ 和 $F=ma$ 的定义可得，$W=Fs=mas$

从图 4-21 的公式(4) $2as=v^2-v_0^2$ 可得加速度 $a=\dfrac{v^2}{2s}$，由以上计算可得 $W=Fs=mas=m\dfrac{v^2}{2s}s=\dfrac{mv^2}{2}=K$

● 当质量为 m(kg)的物体以速度 v (m/s)运动时，动能为 K(J)。

$$\boxed{K=\frac{1}{2}mv^2} \quad \cdots(1)$$

▶▶ 2. 功和势能

在图 4-31 中，当物体保持高度 h 时，重力总是将物体垂直向下拉，物体会储存进行做功的能量 W。因为重力赋予物体可以保存的势能，被称为守恒力。

图 4-31　功和势能

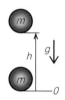

将质量为 m 的物体移动到高度 h 时所做的功 $W=mgh$
保持在该位置即保存了可以做功 W 的能量。

● 假设质量为 m(kg)，重力加速度为 g(9.8m/s²)，高度为 h(m)。

势能为 U(J)　　$\boxed{U=mgh} \quad \cdots(2)$

▶▶ 3. 机械能守恒定律

如图 4-32a 所示，动能和势能的总和称为机械能。只受守恒力作用的运动物体的机械能保持恒定不变，这就是所谓的机械能守恒定律，也是守恒力这个术语的来源。在图 4-32b 中，根据 $h = 70\text{m}$ 可以计算出②点的速度为 135km/h。山梨县富士急乐园的过山车数据显示，其落差为 70m，最高速度为 130km/h。考虑到实际阻力，计算所得数据和实际数据大致相等。另外，根据能量守恒定律，过山车最吸引人的环形轨道直径 d 需满足 $h > 1.25d$。

> **图 4-32　机械能守恒定律**

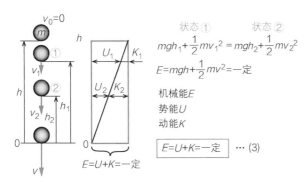

状态①　　　状态②

$$mgh_1 + \frac{1}{2}mv_1^2 = mgh_2 + \frac{1}{2}mv_2^2$$

$$E = mgh + \frac{1}{2}mv^2 = 一定$$

机械能 E
势能 U
动能 K

$$E = U + K = 一定 \quad \cdots (3)$$

当质量为 m 的物体从高度 h 自由下落时，其势能的减小与高度的降低成正比。势能的减小部分增加了下落速度，即增加了动能。机械能始终保持恒定

a) 落体的机械能守恒定律

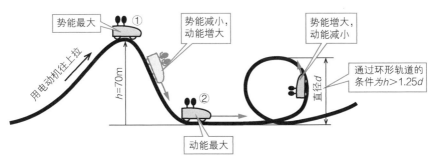

b) 过山车的机械能守恒定律

4.11

简单机械

只需一个或几个零件就能实现力、位置等转换的装置称为简单机械。这些机械通常会利用杠杆、斜面、滑轮等。

▶▶ **1. 杠杆**

图 4-33a 所示的手划艇可视为是为船提供推力的第二类杠杆，它以手柄为动力点，桨架为阻力点，以水中的桨叶作为支点，将支点到阻力点和动力点的距离与力的乘积作为力的力矩平衡来考虑。图 4-33c 所示的挖掘机中，斗杆和动臂的运动是通过杠杆作用实现的。

图 4-33 杠杆的应用

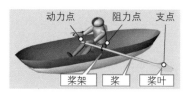

a) 划船

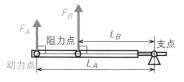

b) 第二类杠杆：桨

⎧ 支点和动力点间的距离 L_A、施加给动力点的力 F_A
⎨ 支点和阻力点间的距离 L_B、产生在阻力点的力 F_B
⎩ ⟶ 两个力以支点为中心产生的力矩相等

$$F_A L_A = F_B L_B$$

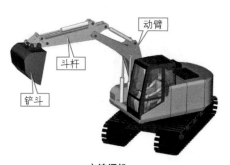

c) 挖掘机

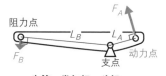

d) 第一类杠杆：斗杆

e) 第三类杠杆：动臂

▶▶ 2. 滑轮和轮轴

以图 4-34 所示的定滑轮和动滑轮为基础，可制成各种装置。图 4-34c 所示是串联排列的动滑轮装置的平衡示例。图 4-34d 所示是将大直径轮和小直径轴组合为一体的轮轴和动滑轮组成的称为差动滑轮的装置。轮轴是利用围绕旋转中心力矩平衡的元件。图中，假设逆时针方向的力矩①和顺时针方向的力矩②是相等的，则可确定和载荷 w 平衡的力 F。在力矩②中，载荷本身的分力也构成了提升载荷的力矩这是关键点。

图 4-34　滑轮和轮轴

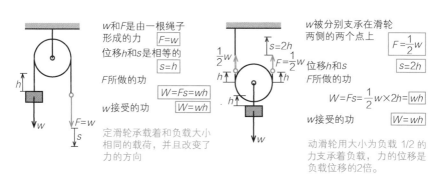

w 和 F 是由一根绳子形成的力　$F=w$
位移 h 和 s 是相等的　$s=h$
F 所做的功　$W=Fs=wh$
w 接受的功　$W=wh$

定滑轮承载着和负载大小相同的载荷，并且改变了力的方向

a) 悬挂定滑轮

w 被分别支承在滑轮两侧的两个点上　$F=\frac{1}{2}w$
位移 h 和 s 　$s=2h$
F 所做的功
$W=Fs=\frac{1}{2}w\times2h=wh$
w 接受的功　$W=wh$

动滑轮用大小为负载 1/2 的力支承着负载，力的位移是负载位移的 2 倍。

b) 悬挂动滑轮

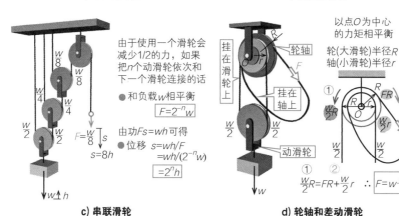

由于使用一个滑轮会减少 1/2 的力，如果把 n 个动滑轮依次和下一个滑轮连接的话

● 和负载 w 相平衡
$F=2^{-n}w$

由功 $Fs=wh$ 可得

● 位移　$s=wh/F$
$=wh/(2^{-n}w)$
$=2^{n}h$

c) 串联滑轮

以点 O 为中心的力矩相平衡
轮(大滑轮)半径 R
轴(小滑轮)半径 r

① $\frac{w}{2}R=FR+\frac{w}{2}r$　∴ $F=w\frac{R-r}{2R}$

d) 轮轴和差动滑轮

4.12

摩擦力

　　当在地板上移动负载时，您可以从运动开始时和运动过程中施加的力的变化中感受到阻碍接触面运动的摩擦力的变化。

▶▶ 1. 摩擦力

　　在图 4-35a 中，一个重量为 w 的物体静止在水平地板上，由于与地板之间的作用和反作用，该物体受到地板正应力 N 的作用。当外力 F_0 作用于图 4-35b 中的物体且物体静止时，接触面上会产生一个与 F_0 大小相等、方向相反的静摩擦力 f_0，作为物体运动的阻力作用于物体。在图 4-35c 中，当外力增大为 F，在物体开始运动的瞬间，$f=\mu N$ 称为最大摩擦力，μ 称为静摩擦系数。在图 4-35d 中，运动中的物体受到一个小于最大摩擦力 f 的动摩擦力 $f'=\mu'N$，使其可以在小于开始运动时的外力 F' 的作用下继续运动，μ' 称为动摩擦系数，$\mu'<\mu$。摩擦力由摩擦系数和正压力的乘积决定。

图 4-35　摩擦力

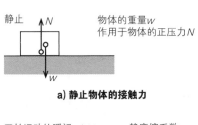

a) 静止物体的接触力

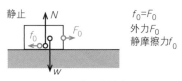

b) 静摩擦力

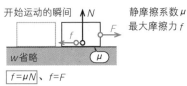

c) 最大摩擦力

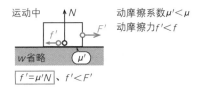

d) 动摩擦力

▶▶ 2. 运动状态和摩擦力的变化

图 4-36 所示为外力与摩擦力、滑动速度与摩擦力之间的关系。它清楚地展示了日常生活中滑动和移动物体的感觉。

图 4-36 运动状态和摩擦力的变化

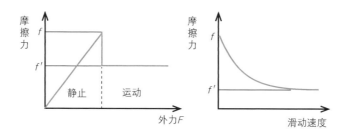

▶▶ 3. 静摩擦系数和摩擦角

在图 4-37 中，逐渐抬起放置重量为 w 的物体的平板一端，物体开始滑动前的水平倾角为 θ。w 被分解为沿斜面的力 P 和垂直于斜面的力 R。P 成为使物体沿斜面下滑的力，R 产生正压力 N，它与静摩擦系数 μ 的乘积决定了最大摩擦力 f，当 θ 增大到使 $P>f$ 时，物体开始下滑。μ 是 θ 的函数，θ 称为摩擦角。

图 4-37 静摩擦系数和摩擦角

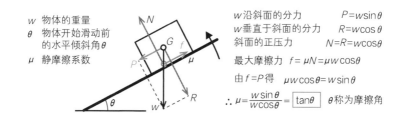

w 物体的重量
θ 物体开始滑动前的水平倾斜角 θ
μ 静摩擦系数

w 沿斜面的分力 $P=w\sin\theta$
w 垂直于斜面的分力 $R=w\cos\theta$
斜面的正压力 $N=R=w\cos\theta$
最大摩擦力 $f=\mu N=\mu w\cos\theta$
由 $f=P$ 得 $\mu w\cos\theta=w\sin\theta$
$\therefore \mu=\dfrac{w\sin\theta}{w\cos\theta}=\boxed{\tan\theta}$ θ 称为摩擦角

▶▶ 4. 轮胎的推动力

在图 4-38 中，从发动机或电动机等动力源通过传动系统传递到轮胎的力矩称为转矩。根据转矩和轮胎半径，可确定轮胎对路面施加的驱动力 F。如果路面与轮胎接触点之间的摩擦系数为 1，则轮胎推动力 $F_t = F$。如果路面因雨、沙或雪而湿滑，则摩擦系数较小，推动力也较小。在汽车术语中，推动力用牵引力一词来表示。

图 4-38 轮胎的推动力

半径 r(m)、转矩 T(N·m)、摩擦系数 μ

驱动力 F(N)
推动力 F_t(N)

$$F = \frac{T}{r}$$

$$F_t = \mu F$$

· 转矩 T 通过传动系统从动力源传递到轮胎
· 轮胎对路面施加驱动力 F
· 作为对驱动力的反作用力，由路面施加给轮胎推动力 F_t
· 因为以路面为基准，所以车辆向左行驶

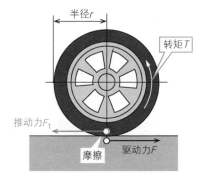

第 **5** 章

材料的强度和形状

  研究材料强度的学科称为材料力学。有必要以适当的方式根据每个构件的受力确定其材料尺寸。即使在相同的受力条件下，构件的强度也会因材料的材质和形状的不同而有很大差异。

5.1

轴向载荷和剪切载荷

在第 4 章中，我们讨论了力对物体的作用。在本章中，我们将考虑发生在受力物体材料内部的力的作用。作用在材料上的外力称为载荷。

▶▶ 1. 轴向载荷

如图 5-1a 所示，施加在物体两端同一作用线上且沿箭头方向远离物体的、大小相等的外力 F 作为拉伸载荷作用于物体，物体由于力的平衡而静止；图 5-1b 所示为方向相反的压缩载荷。以上这些均被称为轴向载荷。

图 5-1 轴向载荷

a) 拉伸物体的拉伸载荷　　　**b) 压缩物体的压缩载荷**

▶▶ 2. 内力

如图 5-2a 所示，如果我们在物体内部假想一个垂直于载荷的横截面，并假定物体被分为 A 和 B 两部分，则在每个部分都会产生一个与载荷平衡的内力 N，如图 5-2b 所示。当 A 和 B 的假想横截面如图 5-2c 所示合起来时，则 A 受到来自 B 的内力 N_B，B 受到来自 A 的内力 N_A。内力具有作用和反作用的关系。由轴向载荷产生的内力称为轴向力。

图 5-2 内力

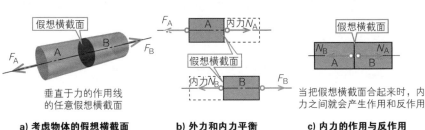

a) 考虑物体的假想横截面　　**b) 外力和内力平衡**　　**c) 内力的作用与反作用**

▶▶ 3. 剪切载荷

如图 5-3a 所示，当对材料施加平行且方向相反的垂直外力，使材料发生相对错位而切断时，这种情况称为剪切，所施加的外力称为剪切载荷。在图 5-3b 中，剪刀的刀刃是平面的，不像普通刀刃那样锋利。剪刀通过平面刀刃对材料施加剪切载荷，使材料横截面产生与载荷平行的相对错位，从而对材料进行剪切。组合钳可以在靠近支点处剪断直径达 3mm 的线材。可能工具的实际使用者也不知道他们使用了剪力。

图 5-3 剪切载荷

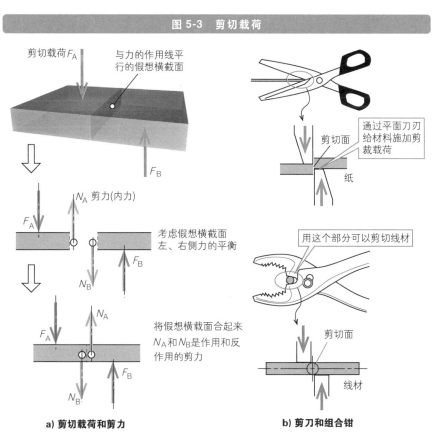

a) 剪切载荷和剪力   b) 剪刀和组合钳

第 5 章 材料的强度和形状

5.2

弯曲载荷和扭转载荷

拉伸、压缩和剪切这些基本载荷在构件内部组合在一起，通过弯曲载荷使材料弯曲或通过扭转载荷使材料扭转。

▶▶ **1. 弯曲载荷**

在图 5-4a 中，一个人的重量作为弯曲载荷作用在单杠上使其弯曲。如图 5-4b 所示，考虑一个垂直于材料中心线的假想横截面，该横截面在 P 点承受弯曲载荷。重物产生的向下的力作用在假想横截面的左侧，支承重物的向上的力作用在假想横截面的右侧，沿横截面产生了大小相等、方向相反的力。弯曲载荷在该横截面两侧的作用与剪切载荷相同。从轴向变形的角度来看，如图 5-4c 所示，弯曲的内侧由于受到压缩作用而承受压缩载荷分量，而外侧由于受到拉伸作用而承受拉伸载荷分量。如图 5-4d 所示，轴向载荷分量对材料上下表面的影响最大，向中心逐渐减小。在中心位置，拉伸和压缩载荷分量的影响为零，这就是所谓的中性面。

图 5-4 弯曲载荷

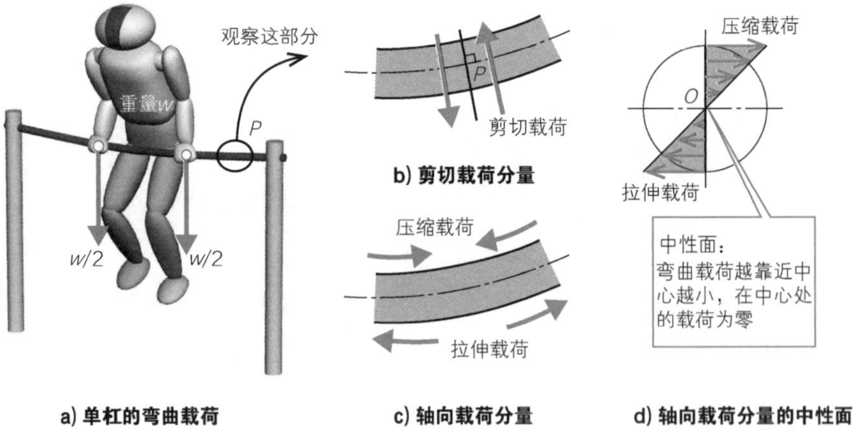

重量w

观察这部分

P

$w/2$ $w/2$

a) 单杠的弯曲载荷

剪切载荷

b) 剪切载荷分量

压缩载荷

拉伸载荷

c) 轴向载荷分量

压缩载荷

O

拉伸载荷

中性面：
弯曲载荷越靠近中心越小，在中心处的载荷为零

d) 轴向载荷分量的中性面

▶▶ 2. 扭转载荷

如图 5-5a 所示，当对一端固定在墙壁上的轴施加扭转载荷时，在与轴的长度方向垂直的任意横截面两侧，会产生沿横截面方向大小相等、方向相反的剪切载荷分量和试图使轴压缩的压缩载荷分量。由于压缩载荷分量小于剪切载荷分量，因此，轴的强度基于剪切载荷分量来考虑，如图 5-5b 所示。在图 5-5b 中，一根材料和半径相同、长度不同的轴承受相同的扭转载荷 T，如果 ϕ 和 θ 都非常小，则两者的切应变 ϕ 相等，扭转角 θ 与轴的长度成正比。因此，材料对扭转载荷的强度取决于不受长度影响的剪切载荷分量。

图 5-5 扭转载荷

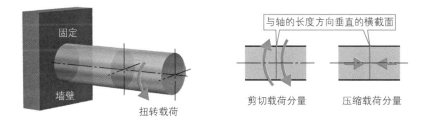

a) 扭转载荷的剪切载荷和压缩载荷分量

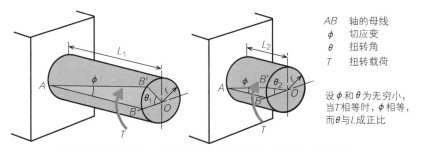

考虑材料和半径相同、长度不同的轴在承受相同扭转载荷 T 时的变形

b) 承受扭转载荷的轴的变形

5.3

各种各样的载荷

力的大小和作用在材料上的时间都会对材料产生影响。微小但瞬间的载荷和长时间重复作用的载荷都会对材料造成很大的不利影响。

▶▶ **1. 静载荷**

如图 5-6 所示，作用在材料上的不随时间发生变化或变化很小的载荷称为静载荷。

图 5-6　静载荷

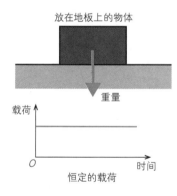
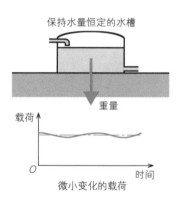

▶▶ **2. 动载荷**

图 5-7a 所示为载荷大小周期性变化的重复载荷（单侧重复载荷），图 5-7b 所示为大小和方向交互变化的交变载荷（双侧重复载荷）。即使是微小的力，在长期作用下也会对材料造成意想不到的负荷，而且随着机械的老化，还可能导致机械故障。如图 5-7c 所示，瞬间作用的载荷称为冲击载荷，是对材料最危险的载荷。

图 5-7　动载荷

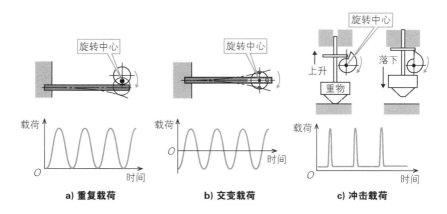

a) 重复载荷　　　　b) 交变载荷　　　　c) 冲击载荷

▶▶ 3. 集中载荷和分布载荷

　　图 5-8a 所示的大跨度桥梁是运用材料力学和结构力学，考虑材料强度和形状的最合适的建筑物之一。如图 5-8b 所示，桥面上的车辆被视为集中载荷，重量集中在重心处。在大跨度桥梁等大型结构中，结构的自重也必须视为载荷。由于整个桥梁都使用了材料，材料的重量作为分布载荷作用在桥梁上。车辆在行驶过程中会移动位置，这种载荷被称为移动载荷。

图 5-8　集中载荷和分布载荷

a) 大跨度桥梁　　　　b) 作用在大跨度桥梁上的载荷

第 5 章　材料的强度和形状

5.4

应力

载荷会给材料带来多大的影响？材料能承受多大的载荷？应力是考虑材料强度的基础。

▶▶ **1. 应力**

在图 5-9 中，当载荷作用在材料上时，假设材料内部会产生内力，并在产生内力的横截面上均匀分布。用内力除以内力分布面积得到的值称为应力。由于内力的大小等于载荷，所以应力一般为载荷除以横截面积所得的值。

图 5-9　应力

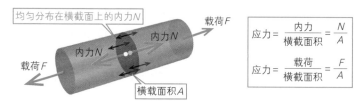

$$应力 = \frac{内力}{横截面积} = \frac{N}{A}$$

$$应力 = \frac{载荷}{横截面积} = \frac{F}{A}$$

▶▶ **2. 正应力**

由轴向载荷引起的应力称为正应力，用符号 σ 表示。为区分载荷，拉伸载荷产生的拉伸应力用 σ_t 表示，压缩载荷产生的压缩应力用 σ_c 表示。

图 5-10　正应力

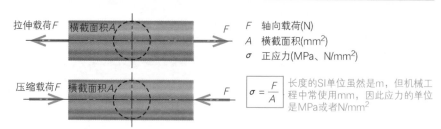

F　轴向载荷(N)
A　横截面积(mm^2)
σ　正应力(MPa、N/mm^2)

$$\sigma = \frac{F}{A}$$

长度的SI单位虽然是m，但机械工程中常使用mm，因此应力的单位是MPa或者N/mm^2

▶▶ 3. 切应力

图 5-11 所示的剪切载荷产生的应力称为切应力，符号为 τ 。

图 5-11 切应力

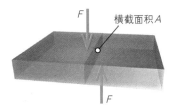

F 剪切载荷(N)
A 横截面积(mm²)
τ 切应力(MPa、N/mm²)

$$\tau = \frac{F}{A}$$

▶▶ 4. 应力的例子

图 5-12 所示为直径 d 的冲头在载荷 F 的作用下对厚度为 t 的钢板进行冲孔的模型。冲头的圆形部分产生压缩应力，被冲落材料的侧面部分产生切应力。

图 5-12 冲头的模型

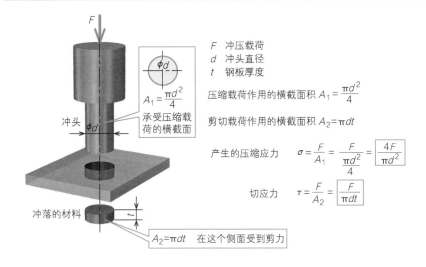

F 冲压载荷
d 冲头直径
t 钢板厚度

压缩载荷作用的横截面积 $A_1 = \frac{\pi d^2}{4}$

剪切载荷作用的横截面积 $A_2 = \pi dt$

产生的压缩应力　$\sigma = \dfrac{F}{A_1} = \dfrac{F}{\dfrac{\pi d^2}{4}} = \boxed{\dfrac{4F}{\pi d^2}}$

切应力　$\tau = \dfrac{F}{A_2} = \boxed{\dfrac{F}{\pi dt}}$

$A_1 = \dfrac{\pi d^2}{4}$

承受压缩载荷的横截面

冲头 ϕd

冲落的材料

$A_2 = \pi dt$　在这个侧面受到剪力

5.5

应变

　　材料在承受载荷时会发生变形，变形量因材料的形状尺寸和材质而异。变形程度用一个称为应变的量来表示。

▶▶ 1. 轴向载荷应变

　　轴向载荷作用线的方向称为纵向、轴向或长度方向，垂直于作用线的方向称为横向。在图 5-13 中，承受拉伸载荷的材料纵向伸长、横向收缩，承受压缩载荷的材料纵向收缩、横向伸长。材料的变形量除以其原始长度得到的值称为应变，它是一个没有单位的量。对长度为 L、直径为 d 的棒状材料施加轴向载荷时，会产生纵向变形 λ、横向变形 δ、纵向应变 ε、横向应变 ε'。

> **图 5-13　轴向载荷应变**

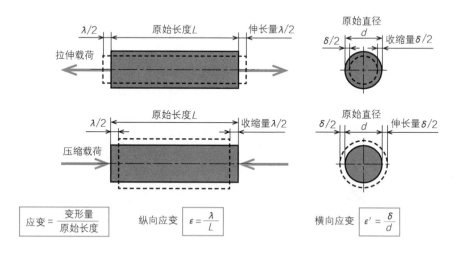

$$\text{应变} = \frac{\text{变形量}}{\text{原始长度}}$$

$$\text{纵向应变}\quad \varepsilon = \frac{\lambda}{L}$$

$$\text{横向应变}\quad \varepsilon' = \frac{\delta}{d}$$

▶▶ 2. 应变的表示方法

由于金属材料的变形很小，应变值也很微小，因此有时用百分比来表示，如下面的例子所示。

当长度为 500mm 的材料在拉伸载荷作用下伸长 1mm 时，轴向应变 ε 为 0.002，也可表示为 0.2%。

$$\text{轴向应变}\varepsilon = \frac{\lambda}{L} = \frac{1}{500} = 0.002 \quad 0.002 \times \frac{100}{100} = 0.2\%$$

▶▶ 3. 切应变

在图 5-14 中，承受剪切载荷 F 的材料会沿剪切载荷方向产生错位 λ，λ 除以产生错位的间距 L 得到的值称为切应变 γ。错位角 θ 以弧度单位表示，当 θ 很小时，$\tan\theta \approx \theta$，即 $\gamma \approx \theta$。

图 5-14　切应变

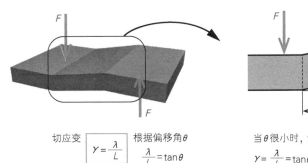

切应变 $\boxed{\gamma = \dfrac{\lambda}{L}}$　根据偏移角 θ　$\dfrac{\lambda}{L} = \tan\theta$

当 θ 很小时，$\tan\theta \approx \theta$　$\boxed{\gamma \approx \theta}$　$\gamma = \dfrac{\lambda}{L} = \tan\theta \approx \theta$

第 5 章　材料的强度和形状

5.6

应力-应变曲线

实际的金属材料是弹性体，在受到外力作用时会产生变形。考虑一下表示典型材料力学性能的应力-应变曲线。

通过对材料施加拉伸载荷，并通过测量直至材料断裂时的载荷和变形来确定材料强度的破坏性试验称为拉伸试验，纵轴为应力、横轴为应变的曲线称为应力-应变曲线。图 5-15 所示为低碳钢的应力-应变曲线。

1）公称应力-应变曲线：一般通过试验机获得的曲线称为公称应力-应变曲线，由 O、A、B、C、D、E、F 各点连接而成。

2）真应力-应变曲线：用虚线 $E' \sim F'$ 表示的试样瞬间变化的理论曲线称为真应力-应变曲线。

3）比例极限：从原点 $O \sim A$ 点的区域称为比例区域，此区域的应力和应变成正比，最高点 A 点对应的应力称为比例极限。

4）弹性极限：$O \sim B$ 点的区域称为弹性区域。B 点对应的应力称为弹性极限，在此区域，当除去载荷后变形可以完全消失。弹性区域以外的范围为塑性区域，在这一区域内，载荷和变形不成正比，变形量也不能完全恢复。

5）屈服强度：$B \sim D$ 点的区域称为屈服区域，在该区域应力几乎保持不变，只有应变增加。最高点 C 称为上屈服点，对应的应力值称为上屈服强度，最低点 D 称为下屈服点，对应的应力值称为下屈服强度。一般将上屈服点称为屈服点，过了这个点，就会产生变形量不能完全恢复的塑性变形。

6）抗拉强度：E 点对应的应力称为抗拉强度（极限强度），用于表示材料的强度。

7）永久应变：如果在 P 点去除载荷，曲线几乎恢复到与 OA 平行，但即使载荷变为零，材料中仍会存在应变 OP'，这被称为永久应变。

8）条件屈服强度：对于没有屈服点的金属（如铝），将去除载荷后留下 0.2%永久应变时的应力称为条件屈服强度，以此来代替屈服点。

9）纵向弹性模量：直线 OA 的斜率称为材料常数或弹性常数。由 σ 除以 ε 得到的纵向弹性模量（杨氏模量）E 与应力的单位相同，但因为数值较大，一般使用 GPa。

图 5-15　应力和应变

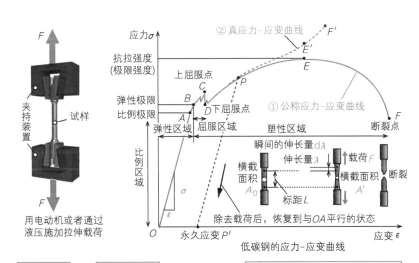

$$应力\ \sigma = \frac{F}{A}$$

$$应变\ \varepsilon = \frac{\lambda}{L}$$

$$纵向弹性模量\ E = \frac{\sigma}{\varepsilon}\ (GPa、MPa)$$

①公称应力-应变曲线：根据原始横截面积 A_0 和伸长量 λ 绘制的实用曲线

②真应力-应变曲线：根据瞬间的横截面积 A' 和伸长量 $d\lambda$ 绘制的理论曲线

纵向弹性模量是材料在载荷作用下变形难易程度的表征

● 金属材料力学性能示例

材料	抗拉强度/MPa	屈服强度/MPa	弹性模量/GPa
钢	402以上	225以上	206
铝	110以上	95以上(条件屈服强度)※	69
黄铜	472以上	395以上	110
钛	390以上	275以上	106

※ 条件屈服强度：去除载荷后产生0.2%永久应变时的应力。

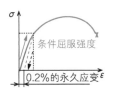

没有屈服点的铝等的应力-应变曲线

5.7

蠕变、疲劳、应力集中和安全因数

　　长时间作用于构件的微小载荷或作用于横截面不均匀构件上的载荷，会导致材料变形或断裂。思考一下应如何安全地使用材料。

▶▶ **1. 蠕变**

　　图 5-16 所示为蠕变试验概况。蠕变试验是对材料长时间施加静载荷，观察材料的变形量随时间的延长而增加的蠕变现象。温度越高，蠕变现象越明显。在一定温度下经过一定时间后使试样产生一定变形量的最大应力称为蠕变极限。

图 5-16　蠕变试验概况

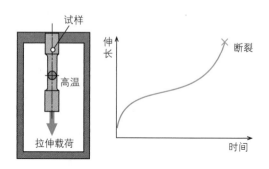

　　日本物质和材料科学研究所宣称其创造了蠕变试验的世界纪录，该试验从 1969 年 6 月 19 日开始，到 2011 年 3 月 14 日结束，历时约 42 年。据报道，该试验结束时的变形量约为 5%。

▶▶ 2. 疲劳

当材料长时间承受通常不会引发问题的重复载荷时，会出现一种称为疲劳的现象，这种现象会削弱材料的强度，导致疲劳破坏。很小的重复载荷不会导致材料的破坏，不会导致破坏的最大应力值称为疲劳极限（见图 5-17）。

图 5-17 疲劳试验概况

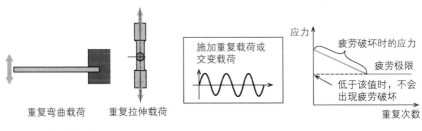

重复弯曲载荷　　重复拉伸载荷

▶▶ 3. 应力集中

如图 5-18a 所示，当构件的横截面形状发生变化（如孔或台阶处）时，则在其周围会产生较大的局部应力，这种现象被称为应力集中。为减小应力集中，形状应该平缓变化，如图 5-18b 所示。

图 5-18 应力集中

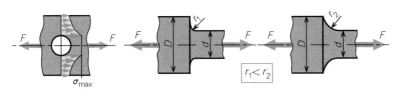

a) 孔周围的应力分布　　　　　b) 平缓的形状变化

第5章 材料的强度和形状

▶▶ 4. 安全因数

　　材料在载荷作用下实际产生的应力称为工作应力，可以保证材料安全的最大工作应力称为许用应力σ_a。作为确定许用应力基准的应力称为基准应力σ_s，它是根据材料种类和使用方法确定的（见图 5-19）。基准应力和许用应力之比称为安全因数 S，根据加载条件和材料种类确定。安全因数越大，材料承受载荷的余量就越大，但如果安全因数过大，材料的重量就会增加过多，因此也不宜过大。

图 5-19　安全因数

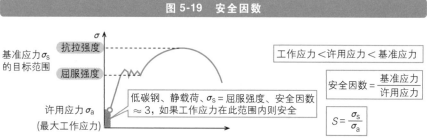

σ

基准应力σ_s
的目标范围

抗拉强度

屈服强度

低碳钢、静载荷、σ_s＝屈服强度、安全因数
≈3，如果工作应力在此范围内则安全

许用应力σ_a
（最大工作应力）

工作应力＜许用应力＜基准应力

$$安全因数 = \frac{基准应力}{许用应力}$$

$$S = \frac{\sigma_s}{\sigma_a}$$

● 基准应力确定方法举例

材料和载荷条件	基准应力
低碳钢、铝等	屈服强度
铸铁等脆性材料	极限强度（抗拉强度）
承受重复载荷的材料	疲劳极限
高温条件下使用的材料	蠕变极限

● 安全因数举例

材料	静载荷	重复载荷	交变载荷	冲击载荷
钢	3	5	8	12
铸铁	7	10	15	20
木材	7	10	15	20

5.8

身边强度的例子

下面以我们熟悉的自行车（见图 5-20）和有轨电车（见图 5-21）为例来说明材料的强度。

▶▶ 1. 自行车

1）当自行车的轮胎充气不足时，轮胎看起来瘪瘪的；当轮胎的气压正常时，轮胎是如何与路面接触的？

2）如果你能从自行车上拆下一根辐条，并在上面安全地悬挂一个静载荷，它能承受多大的载荷呢？

图 5-20　自行车的问题

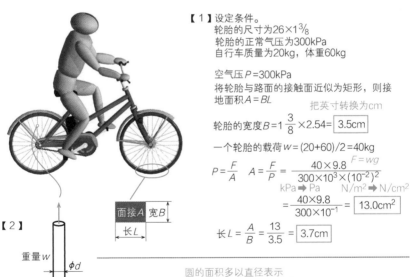

【1】设定条件。
轮胎的尺寸为 $26 \times 1\frac{3}{8}$
轮胎的正常气压为 300kPa
自行车质量为 20kg，体重 60kg

空气压 $P = 300$kPa
将轮胎与路面的接触面近似为矩形，则接地面积 $A = BL$

把英寸转换为 cm

轮胎的宽度 $B = 1\frac{3}{8} \times 2.54 = \boxed{3.5\text{cm}}$

一个轮胎的载荷 $w = (20+60)/2 = 40$kg

$P = \dfrac{F}{A}$　$A = \dfrac{F}{P} = \dfrac{40 \times 9.8}{300 \times 10^3 \times (10^{-2})^2}$

$F = wg$

kPa ➡ Pa　　N/m² ➡ N/cm²

$= \dfrac{40 \times 9.8}{300 \times 10^{-1}} = \boxed{13.0\text{cm}^2}$

长 $L = \dfrac{A}{B} = \dfrac{13}{3.5} = \boxed{3.7\text{cm}}$

【2】

重量 w　ϕd

$F = wg$

设定条件。
辐条直径 $d = 2$mm
抗拉强度 $\sigma = 450$MPa
安全因数 $S = 3$
设许用应力为 σ_a，拉伸载荷为 F

圆的面积多以直径表示

辐条横截面积 $A = \dfrac{\pi d^2}{4}$　许用应力 $\sigma_a = \dfrac{\sigma}{S} = \dfrac{F}{A}$

$F = A \dfrac{\sigma}{S} = \dfrac{\pi d^2}{4} \dfrac{\sigma}{S}$

mm ➡ m　　MPa ➡ Pa

$= \dfrac{\pi (2 \times 10^{-3})^2}{4} \dfrac{450 \times 10^6}{3} = 150\pi$ N

重量 $w = \dfrac{F}{g} = \dfrac{150\pi}{9.8} = \boxed{48.0\text{kg}}$

2. 热应力和热应变

材料的变形不仅受外力影响，还会受温度变化的影响。如图 5-21a 所示，一个长度为 L 的两端固定的零件被加热，如果该零件是自由的，则会出现轴向增长 λ，由于两端固定，因此被认为是受到载荷 F 的压缩。图 5-21b 所示为零件冷却时的情况，与图 5-21a 一样，材料被认为受到载荷 F 的拉伸。这种热变形在材料中产生的应力和应变分别称为热应力和热应变。

图 5-21 热应力和热应变

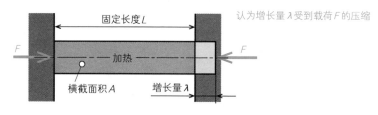

a) 加热产生的压缩载荷

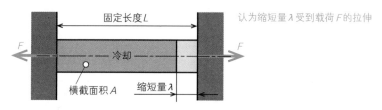

b) 冷却产生的拉伸载荷

3. 有轨电车钢轨

铁路的钢轨会随着温度的变化而膨胀和收缩。为了应对这种情况，需要在钢轨接头处留出间隙，称为轨缝。假设 25m 长的标准钢轨在温度为 45℃时轨缝为零，并假设钢轨可以自由膨胀和收缩，当温度为 -5℃和 55℃时，钢轨会发生什么变化？

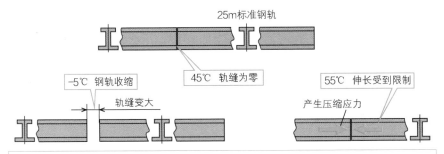

图 5-22　有轨电车钢轨

【1】 在−5℃时，钢轨会收缩，轨缝变大。

将钢轨的伸缩程度量化如下：

材料因温度变化 Δt 而产生的变形量λ 可以用线膨胀系数α 来计算，它表示温度每变化 1℃或 1K 时相对于原始长度 L 的变形程度

变形量＝线膨胀系数×原始长度×温差

假设线膨胀系数α ＝$11.5×10^{-6}$/K

λ ＝$\alpha L \Delta t = \alpha L(t_2-t_1) = 11.5×10^{-6}×25×10^3×(-5-45) = \boxed{-14.4\text{mm}}$

【2】 在 55℃时，由于钢轨的伸长受到限制，因此产生压缩应力。

根据第 5.6 节中给出的纵向弹性模量、应力和应变之间的关系式来确定压缩应力。假设材料的纵向弹性模量为 206GPa。

纵向弹性模量 $E=\sigma/\varepsilon$，应变 $\varepsilon=\lambda/L=\alpha L\Delta t/L=\alpha\Delta t$

σ ＝$E\alpha\Delta t=206×10^3×11.5×10^{-6}×(55-45) = \boxed{23.7\text{MPa}}$

5.9

梁

支承弯曲载荷的长构件称为梁。可以说，它们在建筑物、桥梁和车身等各种支承构件中发挥着重要作用。

▶▶ 1. 静定梁和超静定梁

梁大致可分为两类：可自由变形的静定梁和可约束变形的超静定梁。简支梁和悬臂梁属于静定梁，整个梁的强度和变形可以仅根据载荷条件确定。连续梁和固定梁属于超静定梁，在这种梁中，载荷和支承点施加的力相互影响，对梁本身产生弯曲作用，仅凭载荷条件无法提供有关梁中发生的现象的信息。

图 5-23　静定梁和超静定梁

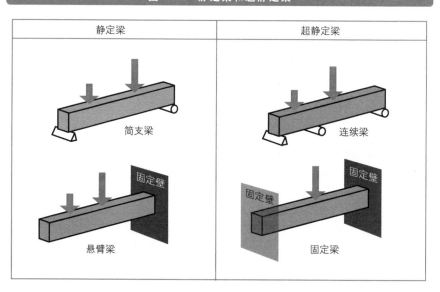

▶▶ 2. 集中载荷和分布载荷

如图 5-24a 所示，作用在单点或可视为单点的区域上的载荷称为集中载荷。图 5-24b 所示是在一定范围内不规则分布的分布载荷。图 5-24c 所示是在一定范围内按长度平均分布的载荷，称为均布载荷。如果梁的重量较大，则梁本身可视为均布载荷。

图 5-24　集中载荷和分布载荷

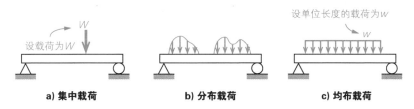

a) 集中载荷　　　b) 分布载荷　　　c) 均布载荷

▶▶ 3. 梁的表示方法

梁在支座处的支承方式决定了梁在载荷作用下产生的内力。图 5-25a 所示为静定梁支座的作用，图 5-25b 所示为梁的简化表示示例。

图 5-25　梁的表示方法

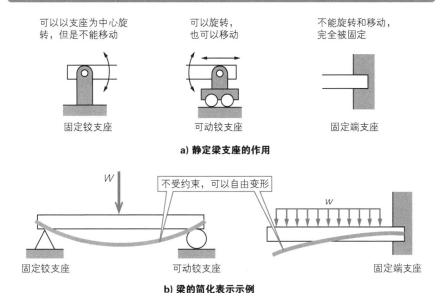

a) 静定梁支座的作用

b) 梁的简化表示示例

5.10
梁的剪力图和弯矩图

显示载荷作用下梁内部剪力和弯矩的图称为剪力图（Shearing Force Diagram，SFD）和弯矩图（Bending Moment Diagram，BMD）。

▶▶ 1. 剪力图和弯矩图

图 5-26 所示为简支梁的剪力图和弯矩图。下面让我们逐步了解如何绘制它们。

图 5-26　剪力图和弯矩图

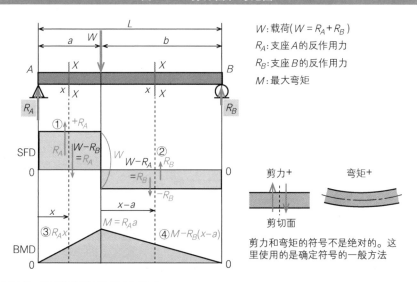

W：载荷（$W = R_A + R_B$）
R_A：支座A的反作用力
R_B：支座B的反作用力
M：最大弯矩

剪力+　　弯矩+

剪切面

剪力和弯矩的符号不是绝对的。这里使用的是确定符号的一般方法

▶▶ 2. 计算支座的反作用力

根据力的力矩平衡，可以确定梁的支座的反作用力 R_A 和 R_B，如图 5-28、图 5-29 所示。由于 $W = R_A + R_B$，因此可以确定其中一个，并利用与 W 的差值确定另一个。

图 5-27　支座的反作用力 R_A

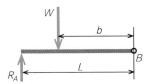

A点的支座反作用力R_A是根据
B点的力矩平衡计算出来的

$$R_A L = Wb \quad \therefore \ R_A = W\frac{b}{L}$$

图 5-28　支座的反作用力 R_B

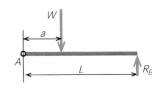

B点的支座反作用力R_B是根据
A点的力矩平衡计算出来的

$$R_B L = Wa \quad \therefore \ R_B = W\frac{a}{L}$$

▶▶ 3. 作剪力图

　　载荷和支座反作用力的作用方向相反，因此会产生剪力作为内力对材料进行剪切。从 A 点开始，通过将假想剪切面 X-X 移动到 B 点来确定剪力。如果剪切面左侧的力之和向上，则剪切面左侧的力之和设为+。

图 5-29　剪力图

① 从支座 A 到载荷 W 的作用点
剪切面左侧的 R_A 向上
右侧的 $W-R_B=R_A$ 向下
剪力为 $+R_A$

剪力是作用
和反作用力，
因此只需要
确定其中一
个即可

② 从载荷 W 的作用点到支座 B
剪切面左侧的 $W-R_A=R_B$ 向下
右侧的 R_B 向上
剪力为 $-R_B$

►► 4. 作弯矩图

剪力会产生使梁变形的弯矩。弯矩的大小是以支座 A 或 B 为中心，剪力×到剪切面的距离之和。当梁变形为凹字形时，符号为 +。在图 5-30 中，支座 A 到剪切面的距离为 x。

图 5-30　弯矩图

③从支座 A 到载荷 W 的作用点
　剪力 R_A 是恒定的，弯矩由与 x 的乘积得到
　弯矩 $M_{AW}=R_A x$
　最大弯矩 $M=R_A a$

④从载荷 W 的作用点到支座 B
　最大弯矩 M 和 $-R_B(x-a)$ 之和是
　弯矩 $M_{WB}=M-R_B(x-a)$

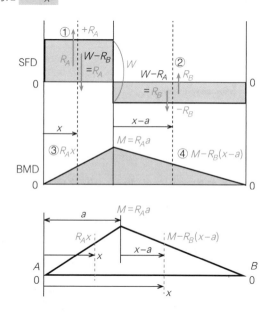

5.11

梁的弯曲应力

作剪力图和弯矩图是考虑梁强度和形状的第一步，可以清楚地看到材料在纵向和横向使用时的强度差异。

▶▶ 1. 剪力图和弯矩图

图 5-31 所示为本节中作为示例的梁的剪力图和弯矩图及其计算。为了便于观察，剪力图和弯矩图的纵坐标未按比例绘制。

图 5-31　剪力图和弯矩图

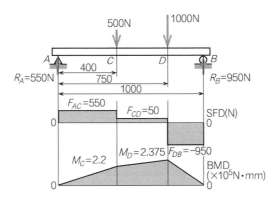

支座的反作用力

$$R_B = \frac{500 \times 400 + 1000 \times 750}{1000} = 950N$$

$$R_A = 500 + 1000 - 950 = 550N$$

剪力

$$F_{AC} = R_A = 550N$$

$$F_{CD} = F_{AC} - 500 = 50N$$

$$F_{DB} = F_{CD} - 1000 = -950N(=-R_B)$$

弯矩

$$M_C = 550 \times 400 = 2.2 \times 10^5 N \cdot mm$$

$$M_D = M_C + 50 \times (750 - 400) = 2.375 \times 10^5 N \cdot mm$$

※ 剪力图和弯矩图的纵坐标未按比例绘制。

▶▶ 2. 弯曲应力

梁中产生的弯曲应力 σ 由截面系数 Z 确定，Z 与材料无关，由梁的截面形状决定，M 是由剪力图和弯矩图确定的最大弯矩。

$$\sigma = \frac{M}{Z}$$

σ：弯曲应力（MPa）

M：最大弯矩（N·mm）

Z：截面系数（mm³）

▶▶ 3. 截面系数

截面系数是根据梁的截面形状确定的抗弯系数，图 5-32 给出了典型截面形状截面系数的计算方法。

图 5-32　典型截面形状的截面系数（下一节将使用截面惯性矩）

截面形状	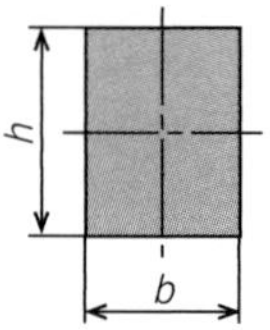	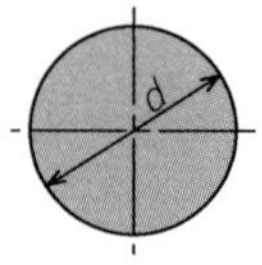	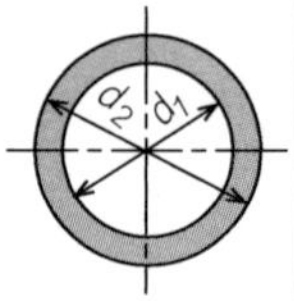	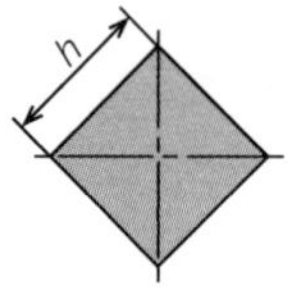
面积 A	bh	$\dfrac{\pi}{4}d^2$	$\dfrac{\pi}{4}(d_2^2 - d_1^2)$	h^2
截面系数 Z	$\dfrac{1}{6}bh^2$	$\dfrac{\pi}{32}d^3$	$\dfrac{\pi}{32}\dfrac{d_2^4 - d_1^4}{d_2}$	$\dfrac{\sqrt{2}}{12}h^3$
截面惯性矩	$\dfrac{1}{12}bh^3$	$\dfrac{\pi}{64}d^4$	$\dfrac{\pi}{64}(d_2^4 - d_1^4)$	$\dfrac{1}{12}h^4$

▶▶ 4. 求弯曲应力

【1】图 5-31 所示的梁的截面尺寸如图 5-33 所示，试求梁产生的弯曲应力（与梁的材质无关）。

图 5-33 弯曲应力

截面尺寸

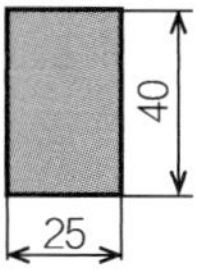

40

25

最大弯矩 M、截面系数 Z、弯曲应力 σ

$\sigma = \dfrac{M}{Z}$ ，$Z = \dfrac{1}{6}bh^2$ ，所以 $\sigma = \dfrac{M}{Z} = \boxed{\dfrac{6M}{bh^2}}$

由图 5-31 可知，$M = M_D = 2.375 \times 10^5\,\text{N·mm}$，条件为 $b = 25\text{mm}$、$h = 40\text{mm}$

$\sigma = \dfrac{6M}{bh^2} = \dfrac{6 \times 2.375 \times 10^5}{25 \times 40^2} = \boxed{35.6\text{MPa}}$ ◀ ※与低碳钢的抗拉强度 402MPa 相比，是非常安全的数值。

【2】如果使用与【1】相同的载荷条件和材料，但材料是平放（见图 5-34），又会怎样？

图 5-34 平放

截面尺寸

25

40

设 $M = 2.375 \times 10^5\,\text{N·mm}$、$b = 40\text{mm}$、$h = 25\text{mm}$

$\sigma = \dfrac{6M}{bh^2} = \dfrac{6 \times 2.375 \times 10^5}{40 \times 25^2} = \boxed{57.0\text{MPa}}$

即使不计算弯曲应力，截面系数的比较也可表明，竖放更为有利

第 5 章
材料的强度和形状

5.12

梁的挠度和截面形状

梁在载荷作用下会发生变形。上一节中梁的强度和截面系数之间的关系中不包括变形量。下面来考虑一下梁的挠度。

▶▶ 1. 梁的挠度

在图 5-35a 中，承受载荷而变形的梁的中性面形成的曲线称为挠曲线。中性面上任意一点 C 的位移 CC' 称为挠度 δ，C' 点的切线与梁原来的位置形成的夹角称为转角。对于悬臂梁，自由端的挠度为最大挠度，自由端的转角为最大转角。梁的挠曲变形主要取决于梁的类型和载荷条件。如图 5-35b 所示，可通过给出典型梁的转角系数和挠度系数来确定变形量。转角的计算单位是弧度。

图 5-35　梁的挠度

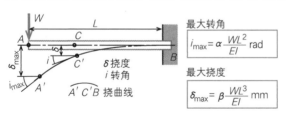

最大转角

$$i_{max} = \alpha \frac{WL^2}{EI} \text{ rad}$$

最大挠度

$$\delta_{max} = \beta \frac{WL^3}{EI} \text{ mm}$$

W：载荷(N)

L：梁的长度(mm)

E：纵向弹性模量(GPa)

I：截面惯性矩(mm⁴)
　见图5-32

α：转角系数

β：挠度系数

a) 梁的挠曲变形及其计算公式

抗弯刚度 EI：
根据纵向弹性模量与截面惯性矩的乘积，结合材料的特性和截面形状，可以得出梁的变形量，EI值越大，变形量越小

梁和载荷的种类	最大转角		最大挠度	
	系数 α	位置	系数 β	位置
W ↓　　　 L	$\frac{1}{2}$	自由端	$\frac{1}{3}$	自由端
W ↓　 $L/2$　$L/2$	$\frac{1}{16}$	两端	$\frac{1}{48}$	中央

b) 转角系数和挠度系数

▶▶ 2. 空心材料和实心材料

晾衣杆、电线杆等中空的材料称为空心材料。火车钢轨、铝窗框等截面不规则的材料称为异形材料或型材。内部填满的材料称为实心材料。图 5-36 比较了实心和空心材料，证实了在我们周围的大多数结构中使用空心材料的合理性和安全性。

图 5-36 空心材料和实心材料

a) 空心材料、型材

b) 实心材料

边缘应力

拉伸应力

+

中性面

−

压缩应力

边缘应力是材料表面产生的最大应力。通过在该部分配置材料，可以将受力较小的中央部分做成空心

当同时考虑拉伸应力和压缩应力时，假定拉伸应力为+

c) 空心材料的应力分布

直径为 d 的实心材料

$$Z_1 = \frac{\pi}{32}d^3$$

$$A_1 = \frac{\pi}{4}d^2$$

内径为 d 和外径为 1.2d 的空心材料

$$Z_2 = \frac{\pi}{32}\frac{(1.2d)^4 - d^4}{1.2d}$$

$$A_2 = \frac{\pi}{4}[(1.2d)^2 - d^2]$$

截面系数之比

$$\frac{Z_2}{Z_1} \approx \frac{0.89}{1}$$

截面积之比

$$\frac{A_2}{A_1} \approx \frac{0.44}{1}$$

壁厚为内径10%的管材的重量是同等内径实心棒材的44%，其强度可以达到实心棒材的90%

d) 实心材料和空心材料的比较

5.13

桁架

您可能会注意到铁塔、桥梁和车站站台等处的三角形钢结构，这是一种被称为桁架的框架结构，具有很强的抵抗外力的能力。

▶▶ 1. 桁架结构

图 5-37a 所示的框架结构称为立体桁架。立体桁架可作为平面桁架来考虑，如图 5-37b 所示。如图 5-37c 所示，桁架是由三根杆件通过轴状零件铰接而成的结构，接合部位为滑动不受约束的滑动节点，载荷由三根杆件共同分担。图 5-37d 所示为把三角形连接起来的桁架结构。

图 5-37　桁架结构

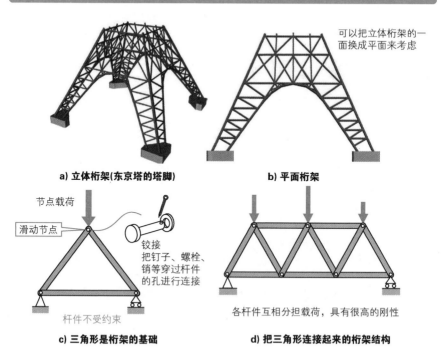

a) 立体桁架(东京塔的塔脚)　　　　b) 平面桁架

c) 三角形是桁架的基础　　　　d) 把三角形连接起来的桁架结构

▶▶ 2. 杆件上的轴向载荷

在图 5-38 所示的桁架中，当垂直载荷 W 作用在节点①上时，请计算三个杆件上的载荷。首先，对于已知力作用的节点，利用闭合三角形确定杆件的内力。在节点①，载荷 W 与杆件 A 和 B 的内力是平衡的。根据 W 的作用线以及作用在杆件 A 和 B 上的内力，形成一个闭合的三角形，从而确定两个内力。在节点②处，由①求得的杆件 A 的内力、杆件 C 的内力和支座反作用力 R_2 处于平衡状态。在节点③处，由①求得的杆件 B 的内力、由②求得的杆件 C 的内力和支座的反作用力 R_3 处于平衡状态。这样得到的作用在每个节点上的杆件内力就是对外力的抗力，因此，向外伸长运动的杆件 A 和 B 受到压缩载荷的作用，而向内收缩运动的杆件 C 受到拉伸载荷的作用。综上所述，铰接桁架的每个杆件基本上都承受轴向载荷。

图 5-38　杆件上的轴向载荷

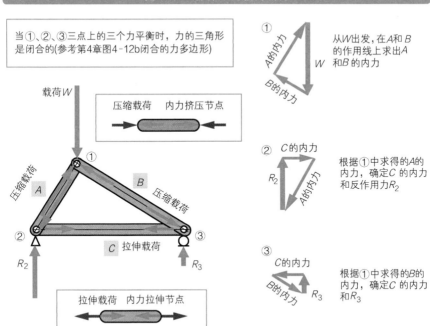

当①、②、③三点上的三个力平衡时，力的三角形是闭合的(参考第4章图4-12b闭合的力多边形)

① 从W出发，在A和B的作用线上求出A和B的内力

② 根据①中求得的A的内力，确定C的内力和反作用力R₂

③ 根据①中求得的B的内力，确定C的内力和R₃

5.14

静定桁架和克雷莫纳解法

可以根据物体的静态条件确定作用在杆件上的力的桁架称为静定桁架。下面使用一种称为"克雷莫纳解法"的图解法来考虑桁架。

▶▶ 1. 载荷条件和区域名称

考虑图 5-39a 所示的由三个杆件组成的桁架。首先，如图 5-39b 所示，将杆件和力划分的区域用大写字母表示，从 A 开始，顺时针方向依次确定区域名称。在本例中，有四个区域，分别是 A、B、C 和 D。杆件名称用夹着杆件的区域名称按 A、B、C 顺序表示。

图 5-39 静定桁架的载荷条件和区域名称

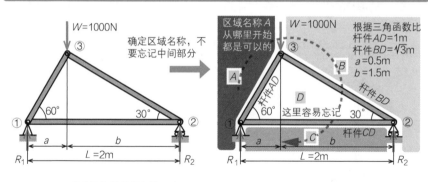

a) 静定桁架的载荷条件   b) 区域名称的确定

▶▶ 2. 求支座的反作用力

为了量化所有的力，可根据力矩平衡求得支座的反作用力，如图 5-40 所示。

图 5-40　求支座的反作用力

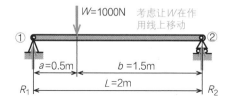

根据以支座②为中心的力矩平衡

$R_1 L = Wb$

$$\therefore R_1 = W \frac{b}{L} = \frac{1000 \times 1.5}{2} = \boxed{750N}$$

$$\therefore R_2 = W - R_1 = 1000 - 750 = \boxed{250N}$$

▶▶ 3. 为力命名，并将三角形闭合

将力绕节点顺时针旋转，力划过之前的区域名称的小写作为力的起点，力划过之后的区域名称的小写作为箭头的前端。R_1 为 ca，W 为 ab，R_2 为 bc。在各节点以杆件的轴线作为轴向力的作用线，将三角形闭合，可求出未知力的大小，如图 5-41 所示。

图 5-41　节点①的力平衡法

(1) 画出已知支座的反作用力 ca

(2) 在 a 点画出 ad 的作用线

(3) 在 c 点画出 dc 的作用线

(4) 两条作用线的交点为 d

(5) 按照 ca→ad→dc 确定力的方向，力的名称就像"词尾接龙"的感觉

▶▶ 4. 确定杆件的载荷并创建示力图

根据杆件的轴向力，可确定轴向力朝内的拉伸杆件和轴向力朝外的压缩杆件，并将各节点处的力的大小合成为一个示力图，如图 5-42 所示。

图 5-42 杆件承受的载荷和示力图

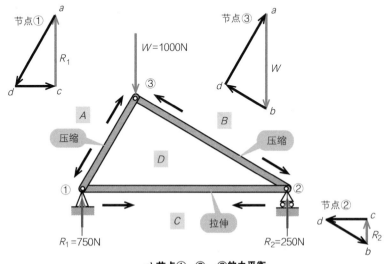

a) 节点①、②、③的力平衡

杆件	轴向力	载荷
AD	◀━━ ━━▶	压缩
BD	◀━━ ━━▶	压缩
CD	━━▶ ◀━━	拉伸

b) 拉伸杆件和压缩杆件

在示力图中，表示方向的箭头互相抵消，只表示大小

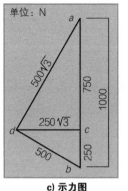

c) 示力图

5.15

桁架的零杆

看似坚固的桁架，如果检查杆件上的轴向力，可能会发现有的杆件并不受力，这样的杆件称为零杆。

▶▶ 1. 轴向力为零的零杆

当使用上一节的克雷莫纳解法（见图 5-42）绘制示力图时，存在杆件在轴向力为零，既不受拉伸载荷也不受压缩载荷的情况下被组装在一起的情况，这种杆件称为零杆。因为不承受任何载荷，零杆可能被认为是不是必需的。然而，当有意外的外力作用时，零杆具有保证桁架强度等用途。

▶▶ 2. 思考这个桁架

图 5-43 看起来像是在图 5-42 的桁架上增加了一根竖直杆件的四杆桁架，但是因为节点③是由水平方向的两个杆件和竖直方向的一个杆件铰接起来的，所以共有五个杆件。

图 5-43　五个杆件的桁架

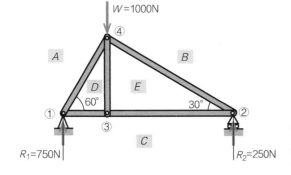

载荷条件与图5-39相同，因此支座处的反作用力也相同，但增加了一个夹着杆件的区域 E

▶▶ 3. 求节点处的力平衡

1）已知力的平衡。

由于节点③和节点④处有三个未知力，因此首先求图 5-44 中节点①和节点②处的力平衡。

图 5-44 从具有两个未知力的节点入手

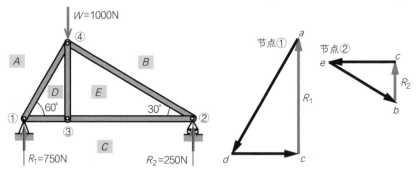

2）作用和反作用的利用。

在图 5-45 中，节点①处的 *ad* 与节点④处的 *da* 是作用和反作用，节点②处的 *eb* 和节点④处的 *be* 也是作用和反作用。由此可得出节点④处的力平衡。类似地，节点①处的 *dc* 和节点③处的 *cd*，以及节点②处的 *ce* 和节点③处的 *ec* 也是作用和反作用，因此可得出节点③处的力平衡。

图 5-45 利用力的作用和反作用

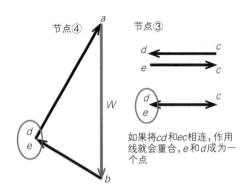

轴向力的作用和反作用：
　节点①处的 *ad* 与节点④处的 *da*
　节点①处的 *dc* 与节点③处的 *cd*
　节点②处的 *ce* 与节点③处的 *ec*
　节点②处的 *eb* 与节点④处的 *be*
应用到节点③和节点④

※名称相反的力是一对作用和反作用力。

如果将 *cd* 和 *ec* 相连，作用线就会重合，*e* 和 *d* 成为一个点

▶▶ 4. 杆件的轴向载荷和示力图

图 5-46、图 5-47 所示为杆件所受载荷及示力图。从图 5-46 中节点③处的竖直杆件 *DE* 看，杆件的轴向没有相应的作用力。像这种没有一对作用和反作用力的杆件就是零杆。

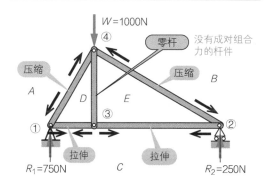

图 5-46　杆件承受的载荷

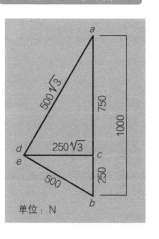

图 5-47　示力图

▶▶ 5. 找到零杆的方法

在建筑领域，看到桁架后，要做的第一件事就是找到零杆。利用"零杆是没有成对受力的杆件"，通过"T字中的I"的方法，可以在轴向力未知的情况下找到零杆。

图 5-48　利用"T字中的I"找到零杆

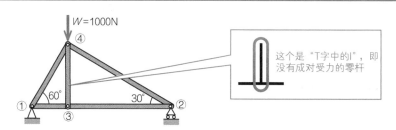

这个是"T字中的I"，即没有成对受力的零杆

长钢轨

　　如今，在铁路轨道上可能已经听不到"咣当咣当"的声音了，这是因为铁路公司现在正越来越多地在轨道上使用长钢轨，钢轨接头之间的距离变长，通过接头时的振动减小。由 25m 或 50m 标准钢轨焊接成的 200m 以上的钢轨称为长钢轨。在钢轨生产阶段，单根长达 150m 的钢轨也可以被制造出来。新干线的基本钢轨长度为 1500m，东北新干线的岩手沼宫内站至八户站之间使用了日本最长的 60.4km 的超长钢轨。根据第 5.8 节 "有轨电车钢轨" 中的计算示例，如果新干线基础的 1500m 长的钢轨的夏季和冬季温差为 50℃，则钢轨的自由变形量约为 0.86m。此外，如果 60.4km 超长钢轨的温差为 50℃，则自由变形量为 34.7m。这种膨胀和收缩无法被图 a 所示的轨缝吸收。长钢轨可使用图 b 所示的伸缩接头（钢轨伸缩调节器）来释放变形。然而，由于数十米的变形量无法自由伸缩，图 c 所示称为混凝土板式轨道的方法可以限制钢轨的变形，但会产生较大的垂直应力。因为铁路钢轨被要求具有耐磨性、抗疲劳性、可焊性、轴向强度等，因此需要对其进行热处理，以赋予其必要的力学性能。

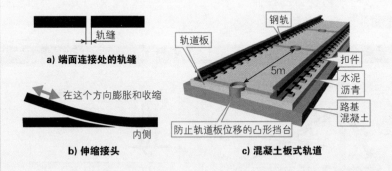

a) 端面连接处的轨缝

b) 伸缩接头

c) 混凝土板式轨道

第 **6** 章

加 工 方 法

　　我们身边的大部分物品都是通过机械加工制成的工业产品。不仅是电气产品、汽车和厨房用品等，食品同样也是用机械加工而成的。在本章中，我们将讨论如何使用机械来制造物品。当然，机械本身也是由机械制造的。

6.1
加工方法的分类

制造物品的加工方法有哪些呢？不要想得太复杂，试着从周末在家做的木工和学校的手工课等日常场景来思考吧。

▶▶ 1. 切削

削铅笔或木头都是将材料表面削成薄层去除的过程，在机械加工中，这被称为切削加工（见图 6-1）。

图 6-1　切削加工

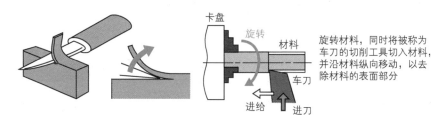

旋转材料，同时将被称为车刀的切削工具切入材料，并沿材料纵向移动，以去除材料的表面部分

▶▶ 2. 剪切

切蛋糕或剪纸（见图 6-2）等是用刀具将一个物体分割为两部分，这种方法被称为剪切加工。

图 6-2　剪切加工

▶▶ 3. 折弯

将纸折叠，在去除外力后会有少量的形状恢复，在机械加工的塑性加工中，这种现象被称为回弹，留下的永久变形就是变形量（见图 6-3）。

图 6-3　塑性加工

塑性加工的平底锅

▶▶ 4. 黏合

用黏合剂将零件黏合在一起是很常见的加工方法（见图 6-4）。在汽车和飞机中，为了减轻重量、增加强度，黏合加工是必不可少的。对于金属和金属的黏合加工，焊接是一种利用金属熔化和凝固的加工方法。

图 6-4　黏合加工

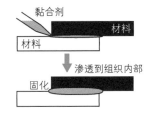

玻璃、加固材料等的黏合

第6章　加工方法

▶▶ 5. 凝固

在制冰盘中装满水并冷冻，可以制出与制冰盘形状相同的冰。利用物质在熔点附近的相变来成形的加工方法称为铸造（见图 6-5）。

图 6-5　铸造

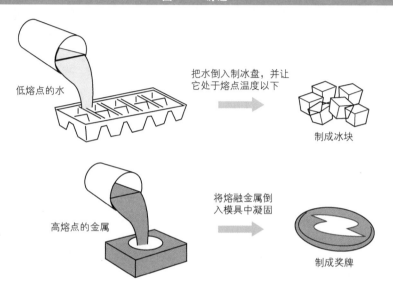

低熔点的水

把水倒入制冰盘，并让它处于熔点温度以下

制成冰块

高熔点的金属

将熔融金属倒入模具中凝固

制成奖牌

切削和刀具的要求

切削加工是去除材料多余部分的过程。通过机床将切削刀具切入材料中，并使材料与刀具之间具有适当的相对速度。

▶▶ 1. 切削速度

切削所需的刀具和材料之间的相对速度称为切削速度（见图6-6）。要获得切削速度，首先要考虑产生切削速度的主体是刀具还是材料；其次，我们要考虑相对运动是旋转运动还是直线运动。

图6-6 切削速度

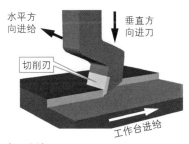

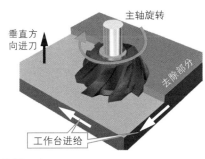

龙门刨加工
固定材料的工作台的直线往复运动产生切削速度，刀具进行垂直方向的进刀和水平方向的进给

面铣刀加工
具有多片刀片的铣刀旋转产生切削速度，固定材料的工作台可进行水平方向的正交进给和垂直方向进给

车削加工 外圆切削
带有夹具(卡盘)的主轴旋转，垂直方向固定的刀具在水平平面内的两个正交方向上进给，切削刃与材料表面之间的相对速度就是切削速度

▶▶ 2. 切屑

被切削材料产生的碎屑称为切屑。切屑是衡量材料可加工性的一个指标，切屑的类型取决于刀具切削刃的状态以及被加工材料的黏性和脆性（见图 6-7）。

图 6-7 切屑的类型

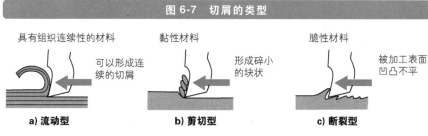

a) 流动型　　　　　b) 剪切型　　　　　c) 断裂型

▶▶ 3. 刀具的必要条件

刀具需要具备很多特性。

1）比被加工材料硬度高。总之，刀具需要比被加工材料具有更高的硬度。

2）高的韧性。为了防止刀具的损坏，柔软性，也就是韧性是必要的。

刀杆（见图 6-8）是刀具的固定部分。刀杆需要高的刚度以保证加工精度，但也需要图 6-9 所示的特殊性能。切削刃的硬度和韧性是两个相互矛盾的特性，如图 6-10 所示。

3）耐热性。与材料接触的部分会因摩擦而产生高温，因此需要具有耐热性。

4）耐磨性。与材料的持续摩擦需要很高的耐磨性。

5）切削刃的可维护性。

如图 6-8a、b 所示，切削刃和刀杆是一体的，当刀具磨损后，需要刃磨切削刃。图 6-8c 所示为可丢弃的不重磨车刀，只需要更换刀片即可轻松维护。

图 6-8 切削刀具的外观

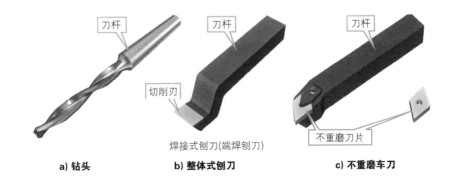

a) 钻头

焊接式刨刀(端焊刨刀)

b) 整体式刨刀

c) 不重磨车刀

图 6-9 刀杆的弹性

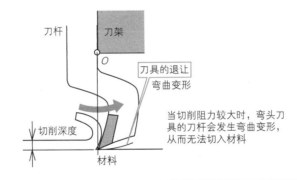

当切削阻力较大时，弯头刀具的刀杆会发生弯曲变形，从而无法切入材料

图 6-10 刀具的硬度和韧性

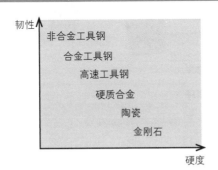

第6章

加工方法

6.3

车削加工

车床是加工轴状产品的典型机床。车床有手动普通车床和计算机控制的数控车床，应用范围广泛，从多品种小批量加工到中型规模生产都可以使用。

▶▶ 1. 车床概述

图 6-11a 所示车床由使加工材料旋转的主轴、与主轴相连并夹持加工材料的卡盘、安装刀具的刀架、使刀架纵向移动的溜板箱和支承及连接它们的床身组成。图 6-11b 所示的数控车床在刀架上使用了自动换刀装置（Automatic Tool Changer，ATC），以便使用数字控制（Numerical Control，NC）进行自动加工。

> **图 6-11　车床概述**

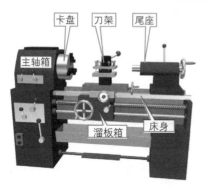

a) 手动普通车床

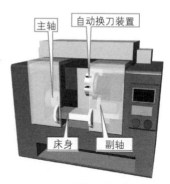

b) 数控车床

▶▶ 2. 车削加工的例子

如图 6-12 所示，车削加工可进行多种类型的加工，如切削圆柱状材料的外圆面和管状材料的内圆面，加工螺纹或其他形状，切断材料，对旋转材料的端面进行切削等。

图 6-12 车削加工的例子

将刀具沿着材料纵向移动，加工外圆面

a) 球形切削、外圆切削

材料低速旋转，螺纹车刀的切削刃在材料旋转一圈时的进给量为一个螺距

b) 螺纹切削

在加工过程中，刀具沿材料直径方向进给，以切槽或切断

c) 切断切削

对材料的内圆面进行加工，以满足尺寸精度要求

d) 内圆切削

用垂直于材料端面的刀具加工平面

e) 端面切削

U形部分

使用具有弹性的U形刀杆，使加工表面光滑

f) 精加工

▶▶ 3. 切削条件

车削加工的切削速度是由单位时间内的材料切削量决定的，它与切削深度和进给速度有关，见表 6-1。

表 6-1 切削速度的例子

切削速度参考值/(m/min)	高速工具钢	切削深度/mm 0.38~2.4	进给速度/(mm/r) 0.13~2.4
一般结构用轧钢 SS400	35~50	不锈钢 SUS304	18~28
机械结构用碳素钢 S45C	27~35	灰铸铁 FC200	20~30

车削加工涉及切削速度、切削深度和进给速度,见表 6-1。如图 6-13 所示,切削速度是根据主轴转速和材料直径确定的圆周速度。切削深度和进给速度决定了单位时间内材料的切削量。

在车床操作中,必须根据加工条件设定主轴转速。假设刀具使用高速工具钢,被加工材料为 SS400,直径为 40mm,切削速度为 40m/min,则主轴转速可按以下方式确定。

$$v = \frac{\pi d n}{1000} \qquad n = \frac{1000v}{\pi d} = \frac{1000 \times 40}{\pi \times 40} \approx \boxed{320 \text{r/min}}$$ ※ 该近似值没有问题。

图 6-13 切削条件

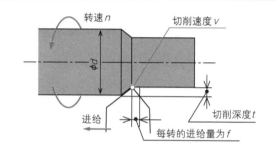

转速 n
切削速度 v
ϕd
进给
切削深度 t
每转的进给量为 f

f
t
d
每转的进给量为 m

$$v = \frac{\pi d n}{1000}$$

※mm ➡ m 的换算

$$m \approx \pi d f t$$
$$M = m n$$

n:主轴转速(r/min)
d:材料直径(mm)
v:切削速度(m/min)

m:每转的进给量
M:每分钟的切削量

切削速度和切削量

6.4

铣削加工

使用旋转圆柱形或盘形刀具对材料进行切削的三维加工方法称为铣削。

▶▶ 1. 铣床概述

图 6-14a 所示为主轴水平布置的卧式铣床，图 6-14b 所示为主轴竖直布置的立式铣床，图 6-14c 所示为带有自动换刀装置的数控铣床，具有两种或两种以上加工方式的数控机床被称为加工中心。

图 6-14　铣床概述

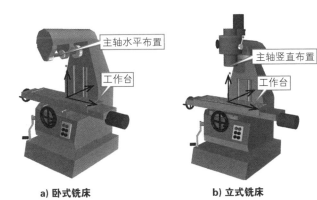

a) 卧式铣床　　　　　　　　b) 立式铣床

c) 数控铣床

▶▶ 2. 铣床加工的例子

图 6-15a 所示圆柱形铣刀是一种在圆柱体外圆周上带有刀齿的刀具，它切削的平面平行于刀具的主轴。图 6-15b 所示的面铣刀在外圆周和端面上都装有刀片，它可以切削垂直于刀具主轴的宽表面。图 6-15c 所示的立铣刀在比较细长的圆柱体的外圆周和端面上都有切削刃，它可用于铣削沟槽和平面。

图 6-15 铣床加工的例子

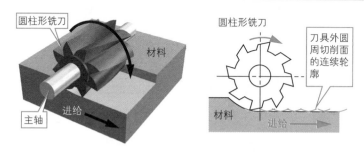

a) 卧式铣床的平面铣削

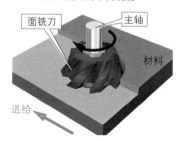

b) 立式铣床的端面铣削

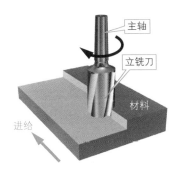 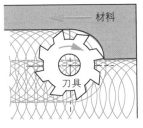

用刀具端面对材料进行连续切削会导致切削面的磨损

c) 立式铣床的端面铣削

▶▶ **3. 逆铣和顺铣**

　　根据进给方向的不同，圆柱形铣刀和立铣刀外圆周上的切削刃会产生逆铣（向上切削，见图 6-16a）和顺铣（向下切削，见图 6-16b）两种情况，会对刀具的寿命和成品切削表面的质量造成不同的影响。在顺铣时，如果机床工作台进给机构存在间隙，会导致材料的窜动。

| 图 6-16　逆铣和顺铣 |

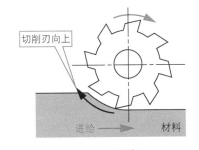 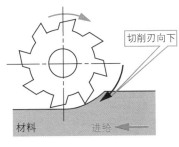

a) 逆铣　　　　　　　　　　　**b) 顺铣**

	逆铣	顺铣
切削阻力	大	小
切屑排出	推出	卷入
切削性	刀齿切入	刀齿容易滑动

c) 逆铣和顺铣的比较

第6章 加工方法

刨削加工

靠固定在工作台上的材料和刀具的相对直线运动来切削材料表面的机械称为刨床，刨床的主运动有的为工作台的直线往复运动，有的为刨刀的直线往复运动。

▶▶ 1. 刨床概述

图 6-17a 所示为刀具安装在水平往返运动的滑枕前端的转塔上，对固定在工作台上的材料表面进行水平切割的牛头刨床。图 6-17b 所示为龙门刨床，是把材料固定在工作台上，工作台在长床身上进行直线往返运动，与安装在刀架上的刀具形成相对速度，从而实现大型产品的加工。图 6-17c 所示为立式刨床，是将刀架安装到垂直往返运动的滑枕上，以进行凹槽加工。

图 6-17 刨床概述

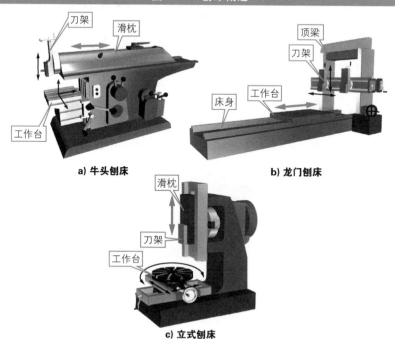

a) 牛头刨床

b) 龙门刨床

c) 立式刨床

▶▶ 2. 插齿机和其他

图 6-18a 所示是插齿刀，图 6-18b 所示是使用齿条插齿刀的齿轮加工方法，其齿条插齿刀像牛头刨或者立式刨床一样，通过直线往复运动来加工齿轮。图 6-18c 所示是一种用于键槽、方孔和不规则形状的加工方法，它使用了一种称为拉刀的刀具，其刀齿形状与被切除部分的形状相同。图 6-18d 所示是使用滚刀的加工方法，在这种方法中，材料的旋转与滚刀的旋转同步，滚刀的外圆面有刀齿，与被加工齿轮的轮齿相啮合，滚刀逐渐靠近材料进行切削。

图 6-18　插齿机和其他

插齿刀旋转、上下往复运动
及径向进给，以加工齿面

a) 插齿刀

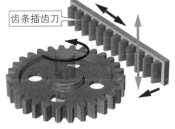

齿条插齿刀上下往复运动和径向
进给，以加工齿面

b) 齿条插齿刀

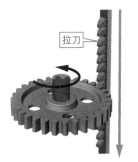

拉刀是一种长而直的刀具，其刀齿尺寸逐渐变大，用于逐层切削材料，可一次性切削出齿面

c) 拉刀

滚刀与被加工齿轮的轮齿相啮合，并与其同步旋转，通过上下移动和径向进给来切削齿面

d) 滚刀

第 6 章　加工方法

6.6

磨削加工

　　磨削是用由坚硬细粒制成的磨料微量地去除材料表面多余材料的加工方法。磨削可以去除切削刀具的加工痕迹，形成光滑的加工表面。

▶▶ 1. 磨床概述

　　切削加工是除去材料的表面以实现其形状尺寸的过程。切削加工后的表面会留有刀痕，除去这些刀痕的加工是磨削加工。图 6-19a 所示为外圆磨床，用于加工车削后的圆柱形产品的外表面等，其高速旋转的砂轮压在装夹于主轮卡盘的旋转工件上。图 6-19b 所示为平面磨床，用于磨削在铣床和刨床上加工后的平面等，其砂轮高速旋转，对固定在水平移动的工作台上的材料表面进行磨削。磨削是一种精细加工过程，可使被加工表面更加平滑，而不是较大程度地改变形状。

图 6-19　磨床概述

磨具
工件

高速旋转的磨具压在旋转的圆柱形工件上，工件纵向移动，外圆周面被磨削

磨具
工件

高速旋转的磨具压在水平加工面上，被加工材料水平移动，表面被磨削

工件　磨具
主轴箱
工作台

a) 外圆磨床

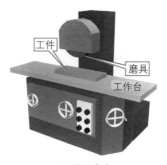

工件
磨具
工作台

b) 平面磨床

2. 磨料和自生作用

如图 6-20 所示，磨具由磨粒、结合剂和孔隙三个要素组成，每个微小的磨粒都成为磨削材料表面的微小刀具。磨粒材料通常有碳化硅、氧化铝和人造金刚石，结合剂材料通常有玻璃类、合成树脂类和橡胶类材料。磨具可通过自锐作用在一定时间内保持其锋利度，但当磨具锋利度下降时，需要对其进行修整以使其表面更加锋利。

图 6-20　磨削磨具及其自锐作用

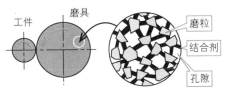 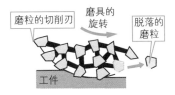

研削加工　　　磨具的三要素　　　　　　磨具的自锐作用

磨具由坚硬的磨粒制成，每个磨粒都是一个切削刃，用结合剂黏接在一起。孔隙用于排出磨屑和调整磨具的硬度

当磨粒的切削刃磨损后无法再磨削时，切削阻力会使磨粒从结合剂中脱落，从而产生新的磨粒切削刃

3. 研磨加工

图 6-21 所示为称为研磨的加工过程示例，与磨削相比，研磨的加工量更小。

图 6-21　研磨加工

研磨是一种将从结合力低的磨具上脱落的磨粒或研磨剂中含有的磨粒压在材料表面，对材料表面进行摩擦和抛光，从而使加工表面光滑的精加工方法

a) 研磨外圆表面　　　**b) 研磨内圆表面**　　　**c) 研磨平面**

6.7

塑性加工

塑性加工是一种利用金属的塑性使材料变形的工艺，它包括折弯板材的钣金加工和通过压力和冲击力使材料成形的锻造加工等。

▶▶ **1. 塑性加工的例子**

图 6-22a 所示为冰箱制造过程中使用的钣金加工工艺示意图，其中顶板和两块侧板通过折弯一整块板材制成，可通过弯折板材边缘形成加强凸缘来增加板材的强度。图 6-22b 所示为薄板的冲压工艺，把金属薄板冲压成深度较大零件的工艺称为深冲。图 6-22c 所示为用于加工发动机连杆的模锻工艺，材料被置于凹凸不平的上下模之间，以使坯料形成与模具型腔相同的形状。

图 6-22　塑性加工的例子

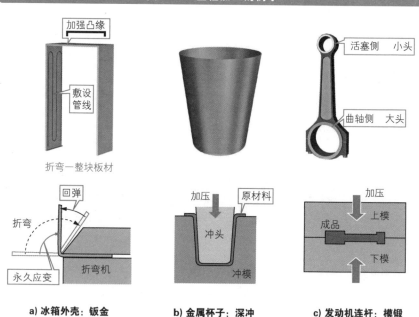

a) 冰箱外壳：钣金　　　　b) 金属杯子：深冲　　　　c) 发动机连杆：模锻

▶▶ 2. 各种加工方法

图 6-23a 所示为使用冲头对板材施加冲裁力，生产出与冲裁模形状相同的产品的冲裁加工方法。图 6-23b 所示为使用带有成对凹凸模的成型模具夹住金属板材，以生产出与模具表面形状相同的产品的钣金成型加工方法。图 6-23c 所示的自由锻是一种不使用模具，通过锻锤对材料施加外力的加工方法。图 6-23d 所示的锻接是通过对加热到高温的不同材料进行锻打，使金属接触表面产生分子水平的结合，从而使不同材料结合起来的加工方法。图 6-23e 所示的旋压加工方法利用了金属的延展性，对操作者的技术要求很高。金属在进行塑性加工时会产生强度和硬度增加的现象，这就是所谓的加工硬化。

图 6-23　各种加工方法

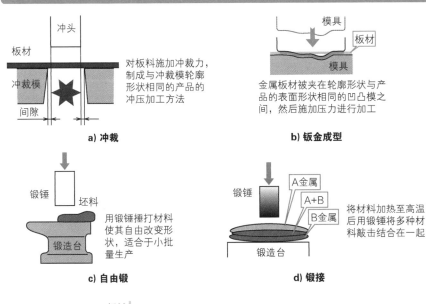

对板料施加冲裁力，制成与冲裁模轮廓形状相同的产品的冲压加工方法

a) 冲裁

金属板材被夹在轮廓形状与产品的表面形状相同的凹凸模之间，然后施加压力进行加工

b) 钣金成型

用锻锤捶打材料使其自由改变形状，适合于小批量生产

c) 自由锻

将材料加热至高温后用锻锤将多种材料敲击结合在一起

d) 锻接

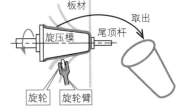

将盘状坯料夹在旋压模和尾顶杆之间旋转，并用板式或轮式旋压工具将坯料压在旋压模上，生产出与模具形状相同的产品。这是一种利用了材料的延展性，对技术要求很高的加工方法

e) 旋压成形

第6章 加工方法

6.8

基本的焊接加工

将几种材料（称为母材）组合在一起，并将结合点处加热到熔点以上，使熔融部分结合在一起，冷却后将母材连接起来的加工方法称为焊接。

▶▶ 1. 电弧焊和气焊

图 6-24a 所示为一种利用电弧的高热进行焊接的方法，称为电弧焊。当母材和焊条分别连接到交流或直流电源的两端，两者接触并立即断开时就会产生火花放电，这种电火花称为电弧，最高温度约为 4000℃。

图 6-24b 所示为使用燃烧氧气和乙炔混合气体产生的高温火焰进行焊接的氧乙炔气焊，局部可产生约 3500℃的高温，因此适合薄板的焊接。

图 6-24　电弧焊和气焊

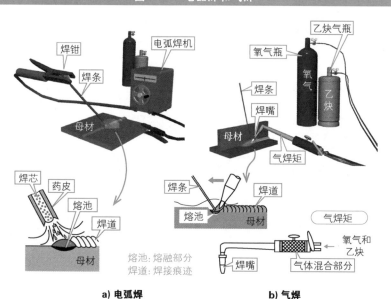

a) 电弧焊　　　　　b) 气焊

▶▶ 2. 惰性气体保护焊和气割

惰性气体保护焊是一种电弧焊工艺，通过在焊接区域喷出氩气或氦气等惰性保护气体，以阻隔空气的有害作用。图 6-25a 所示为会自动送入与母材金属类型相同的焊丝的熔化极惰性气体保护（Metal Inert Gas）焊，即 MIG 焊。图 6-25b 所示为使用消耗量较少的钨电极，并单独提供填充焊丝的非熔化极惰性气体钨极保护（Tungsten Inert Gas）焊，即 TIG 焊。

图 6-25c 所示为在 800~900℃条件下，钢铁材料在高纯度氧气中发生的氧化反应。如果将钢材表面温度加热到 800℃，并用高纯度氧气流高速喷射，就会发生剧烈的氧化反应，与氧气流接触的区域会燃烧，燃烧残渣会被氧气流吹散，并在基体金属上形成沟槽状空隙。通过持续进行这种反应，就能实现基体材料的切割。

图 6-25 惰性气体保护焊和气割

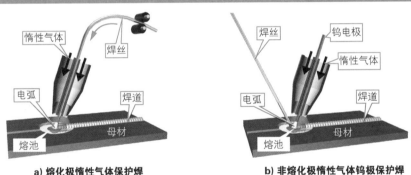

a) 熔化极惰性气体保护焊

b) 非熔化极惰性气体钨极保护焊

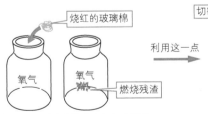

加热到800℃以上的铁会在氧气中燃烧

c) 氧乙炔气割

6.9

焊接接头和各种焊接方法

在机械产品中，通过焊接连接在一起的部分称为焊接接头。思考一下代表性的焊接接头和各种各样的焊接方法。

▶▶ 1. 焊接接头

在图 6-26 中，两个相交面上有三角形横截面焊缝（焊接痕迹）的焊接接头称为角接接头。焊接接头根据母材的组合方式进行分类。图 6-26a 所示 T 形接头是通过角接接头将两个母材连接在一起形成的接头，成直角或近似直角的 T 字形。图 6-26b 所示为把两种母材部分重叠并用角接接头连接起来形成的搭接接头。图 6-26c 所示为两种母材构成直角的角接接头。图 6-26d 所示为将贴合放置的母材的端面焊接在一起形成的端接接头。图 6-26e 所示为通过垫板连接两种母材的垫板接头。图 6-26f 所示为对接接头的例子，其中两种母材的端面对接在一起形成平面连接。我们有很多机会能看到焊接接头，比如在站台和人行天桥等处。

图 6-26　焊接接头

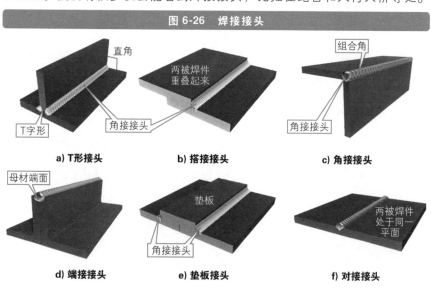

a) T形接头

b) 搭接接头

c) 角接接头

d) 端接接头

e) 垫板接头

f) 对接接头

2. 各种焊接方法

利用母材接触区域因金属电阻而产生的焦耳热进行的焊接称为电阻焊。图 6-27a 所示为接触点较小的点焊。图 6-27b 所示为使用滚轮电极进行连续焊接的缝焊。图 6-27c 所示为凸焊，电流集中在薄板母材上的凸点来熔化焊接不同热容量的母材。以上这些都属于电阻焊。图 6-27d 所示为电弧在焊剂覆盖的焊接区域内产生的埋弧焊。图 6-27e 所示为在水冷铜质垫板内进行电弧焊的封闭焊。图 6-27f 所示为闪光对焊，用夹钳电极夹住的母材端面在相互接触时产生闪光，同时瞬间将母材压紧实现焊接。图 6-27e 和 f 所示焊接方法均可用于长钢轨和建筑钢筋的焊接。

图 6-27　各种焊接方法

a) 点焊

b) 缝焊

c) 凸焊

d) 埋弧焊

e) 封闭焊

f) 闪光对焊

第 6 章　加工方法

6. 10

铸造

铸造是一种利用金属熔化和凝固特性的加工方法，将熔化的金属倒入与要制作的形状相同的铸型中，待金属凝固后将产品取出。

▶▶ 1. 铸造产品的例子

铸造是把熔化后的金属倒入由耐热材料制成的和产品形状相同的铸型中，待凝固后取出的加工方法。这一过程涉及金属从熔化到凝固的变化，因此在很大程度上可以表现出热对金属结构的影响。在某些工艺中，如将铸铁快速冷却以强化结构的方法就利用了这一点。如果金属在凝固过程中收缩较大，则会使产品体积减小，称为收缩缺陷。在凝固过程中，铸型内会产生气体，并且由于熔融金属填充不足，会造成铸件形状缺陷以及气体残留在铸件内部，形成气孔。各种铸造制品如图 6-28 所示。

图 6-28　各种铸造制品

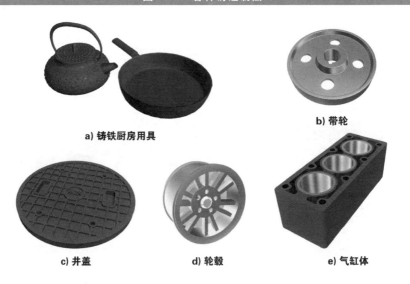

a) 铸铁厨房用具

b) 带轮

c) 井盖

d) 轮毂

e) 气缸体

▶▶ 2. 砂型铸造法

　　砂型的制作方法是将与产品形状相同的模样放入耐热型砂中，当型砂压实后将模样取出；或者将蜡制成的模样放入型砂中，当型砂压实后对其进行加热，将蜡倒出，形成型腔。因为在将熔融金属浇铸进型腔凝固后需要破坏砂型才能取出铸件，所以每个铸件都需要一个砂型。利用自身重力浇铸熔融金属的铸造方法称为重力铸造。图 6-29 所示的砂型是用木模制作的，木模可分为上模和下模，上型和下型制作完成后，将用于形成中空部分的型芯安放在零件孔洞处，以生产图 6-29e 所示的铸件。破坏砂型后取出的铸件是半成品，需要去除浇口和浇道后制成成品。

图 6-29　砂型铸造

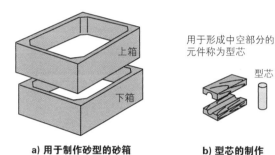

a) 用于制作砂型的砂箱

用于形成中空部分的
元件称为型芯

型芯

b) 型芯的制作

型芯
上模
木模
下模

c) 木模和型芯

型砂
浇铸熔融金属的浇口
用于排出产生的蒸汽的排气孔
上模
上箱
型砂
下模
在上箱和下箱中放置木模后将型砂压实，然后移除木模，形成一个型腔
浇道
下箱

d) 组合上型、下型和型芯

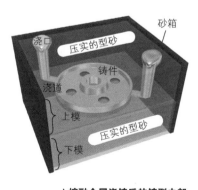

浇口
砂箱
压实的型砂
铸件
浇道
上模
下模
压实的型砂

e) 熔融金属浇铸后的铸型内部

第 6 章　加工方法

6.11

各种铸造方法

　　铸型的制作方法和熔融金属的浇铸技术多种多样，下面请看一些工业上使用的例子吧。

▶▶ 1. 壳型

　　将在原砂表面涂上酚醛树脂或其他材料制成的称为树脂砂的细粉，均匀地凝固在加热后的模板表面，可以形成薄而坚固的铸型。通常使用一个模板制作上型和下型，凝固后再合型。这种工艺可以保证良好的透气性，并且可以生产出表面光滑的铸件。由于做出的铸型呈贝壳状，因此称为壳型（见图 6-30）。

图 6-30 　壳型

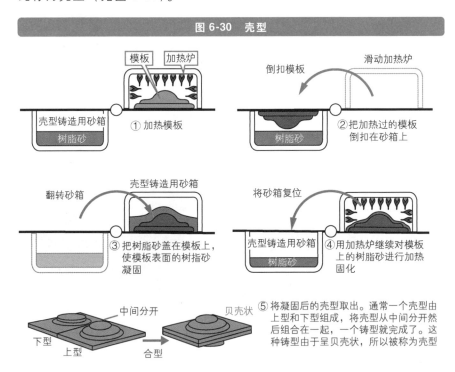

⑤ 将凝固后的壳型取出。通常一个壳型由上型和下型组成，将壳型从中间分开然后组合在一起，一个铸型就完成了。这种铸型由于呈贝壳状，所以被称为壳型

▶▶ 2. 各种浇铸方法

图 6-31a 所示为压力铸造法，熔融金属在压力作用下充入铸型。图 6-31b、c 所示为连续进行重力铸造的立式和水平连续铸造法。图 6-31d 所示为离心铸造法，它利用旋转运动产生的离心力，不需要型芯也可以制造中空的管形铸件。

图 6-31　各种浇铸方法

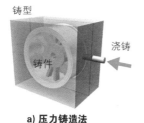

a) 压力铸造法
对熔融金属施加压力，然后充入铸型

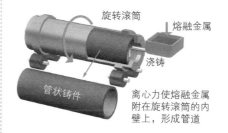

离心力使熔融金属附在旋转滚筒的内壁上，形成管道

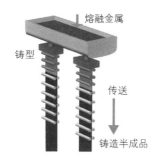

b) 立式连续铸造法

c) 水平连续铸造法

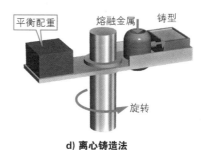

d) 离心铸造法
作用于熔融金属的离心力使其注入铸型

第 6 章
加工方法

173

6.12

滚轧加工和异形材料加工

本节将介绍一下螺钉头部下方拆卸不掉的垫圈和铝合金窗框上较深的不规则形状是如何加工的。

▶▶ 1. 滚轧加工

如图 6-32a~c 所示，当一对滚丝轮或平搓丝板做相对运动并对它们之间的棒状坯料施加压力时，就会在坯料表面形成与模具凹凸表面相对应的形状，这就是滚轧加工。图 6-32d 所示为将垫圈组合在螺钉上的例子，滚轧加工后的直径要大于坯料的直径。滚轧加工的特点是材料的组织连续以及会产生一定的加工硬化，如图 6-32e 所示，这使得产品具有很高的强度。

图 6-32　滚轧加工

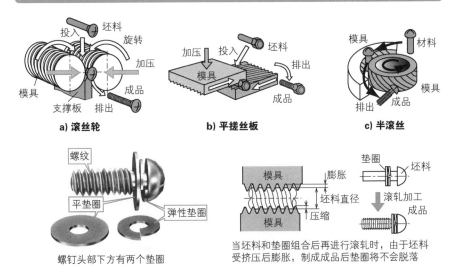

a) 滚丝轮　　　　　b) 平搓丝板　　　　　c) 半滚丝

d) 带有垫圈的小螺钉

螺钉头部下方有两个垫圈

当坯料和垫圈组合后再进行滚轧时，由于坯料受挤压后膨胀，制成成品后垫圈将不会脱落

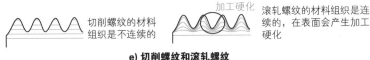

e) 切削螺纹和滚轧螺纹

切削螺纹的材料组织是不连续的

滚轧螺纹的材料组织是连续的，在表面会产生加工硬化

▶▶ 2. 挤压、拉拔、轧制

图 6-33a 所示为具有一定截面形状的线形或条形材料，称为异形材料。在钢铁材料中，普通常用的异形材料称为型钢。

图 6-33b 所示为挤压加工，其特点为在高温下挤压材料，并可通过一个工序加工出复杂的截面形状。图 6-33c 所示的拉拔加工是在室温下拉伸材料，对于细薄的材料也可以加工出精度高、表面光洁的制品。图 6-33d 所示为轧制工艺，通过旋转的轧辊对材料施加高压，可以大批量生产板材、棒材、管材和型材。常温轧制的产品表面光滑干净，因此被称为"光亮"材，而高温轧制的产品表面会覆盖一层氧化膜，因此被称为"黑皮"材（见图 6-33e）。

图 6-33　挤压、拉拔、轧制

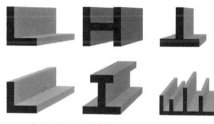

a) 各种异形材料

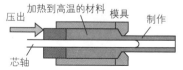

把加热的材料施加压力挤出。可在一个工序中完成具有复杂截面形状的空心制品的加工

b) 挤压加工

可在室温下拉拔材料，特点是尺寸精度高、表面光洁

c) 拉拔加工

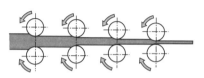

对于较硬的材料或者加工量较大的情况，可以采用连续多级轧制加工

d) 连续多级轧制

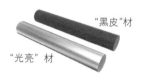

低温加工的钢材表面光滑干净，被称为"光亮"材；高温加工的钢材因其表面覆盖有一层氧化膜，被称为"黑皮"材

e) "光亮"材和"黑皮"材

第6章　加工方法

6.13

超声波加工和电火花加工

超声波加工和电火花加工是利用工作液中的高频振动和火花放电对无法用刀具切割的硬质材料以及非金属材料进行成形的加工方法。

▶▶ **超声波加工和电火花加工**

图 6-34a 所示为工具前端会受到频率为 15~30kHz 的高频振动，从而将工作液中的磨料压向材料表面，以去除加工部分的超声波加工。超声波加工也可用于加工非金属材料。图 6-34b 所示为把在工作液中的铜电极和工件之间留出间隙，通过火花放电使材料表面熔化和蒸发，从而去除材料的电火花加工。电火花加工不能用于加工非金属材料。图 6-34c 所示为铜电极丝在加工液中往复循环，可以以不规则的形状进行切割和修边的电火花线切割加工。

图 6-34　超声波加工和电火花加工

a) 超声波加工

b) 电火花加工

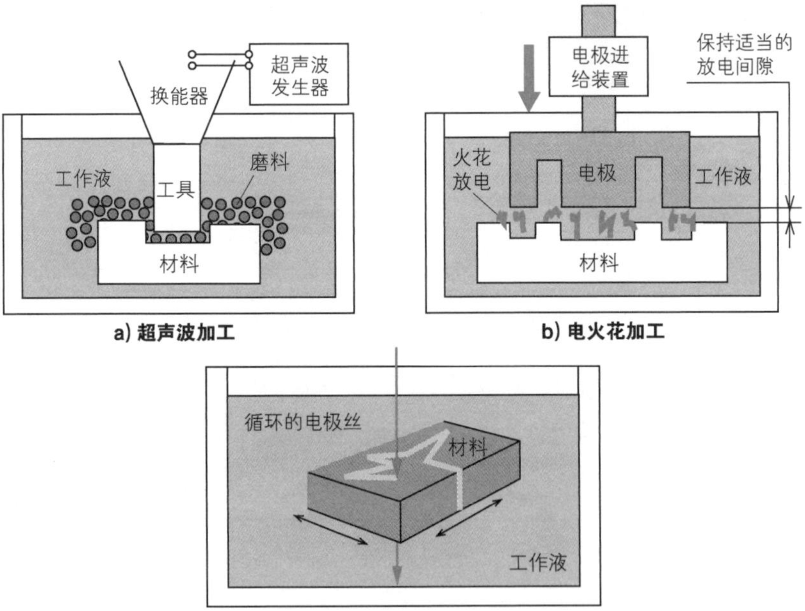

c) 电火花线切割加工

机械的结构

机械的运动看似复杂，实际上是由几种基本运动组合而成的。每个构件都不会是自行运动的，而是进行确定的相对运动。执行这些运动的结构称为机构。

7.1

运动副

任何机械都是由多个构件组合而成的。构件的最小单位称为元件或零件，两个直接接触的构件称为运动副。

▶▶ **1. 运动副**

机械是由进行确定相对运动的运动副组合而成的。运动副以两个构件接触时存在相对运动为前提。如图 7-1a 所示，运动副按接触的方式可分为三类：面接触运动副、线接触运动副和点接触运动副。图 7-1b 所示的螺栓和螺母为面接触运动副，图 7-1c 所示圆珠笔头部分的球珠和球座体是面接触运动副，球珠和纸面是点接触运动副。图 7-1d 所示滚子轴承的滚子和外圈、内圈是线接触运动副。在研究机械结构的机构学中不考虑零件的变形，如果考虑压力引起的零件变形，例如在材料力学中，滚子的线接触运动副和球珠的点接触运动副严格来说应该是如图 7-1e 所示的局部曲面接触运动副。

图 7-1　运动副

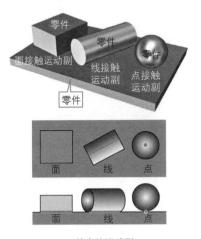

a) 基本的运动副

b) 面接触运动副：螺栓

c) 面接触和点接触运动副：圆珠笔头

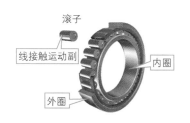

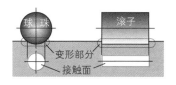

d) 线接触运动副：滚子轴承　　　**e) 局部曲面接触运动副**

▶▶ 2. 滑动和滚动

图 7-2a 所示为当把剪刀和圆柱形笔放在桌子上时，如果用手指推动剪刀，剪刀会在桌子上滑动，滑动的程度与推动的程度一致，如果用手指轻轻触碰圆柱形笔，笔便开始滚动。图 7-2b 所示面接触运动副的运动是在接触部位有相对速度的滑动，而图 7-2c 所示的点接触运动副的运动是在接触部位相对速度为零的滚动。

图 7-2　滑动和滚动

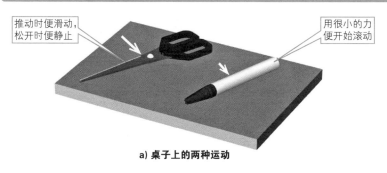

a) 桌子上的两种运动

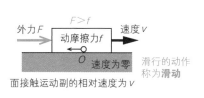

面接触运动副的相对速度为 v

b) 滑动

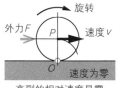

高副的相对速度是零

高副：线接触运动副和点接触运动副的总称

滚的动作称为**滚动**

c) 滚动

第 7 章　机械的结构

7.2

运动副的运动和机械运动

当对机械的运动进行细分时，我们会得到一些常见运动副的运动。运动副运动的前提是两个零件保持接触和运动。

▶▶ **1. 运动副的运动**

图 7-3a 所示为一个移动副，其中一个构件起导向作用，另一个构件沿导向面移动。图 7-3b 所示为转动副，只发生相对旋转。图 7-3c 所示为由螺纹制成的旋转副，其旋转量与直线运动量成正比。图 7-3d 所示为带有球形接触面的球面副。这些都是典型的面运动副的运动类型。

图 7-3　运动副的运动

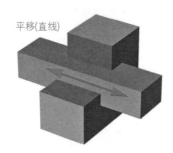

a) 移动副(平移运动)

b) 转动副(旋转运动)

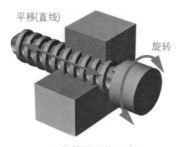

c) 旋转副(螺旋运动)

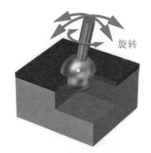

d) 球面副(球面运动)

▶▶ 2. 机械运动

图 7-4a 所示为一个物体从①到②的姿态发生变化的直线运动。在图 7-4b 中，物体任意一点的速度矢量在运动过程中始终保持恒定。这种在姿态不变的情况下进行的直线运动称为平移运动。图 7-4c 所示为钻床模型，其中钻头主轴的连续转动称为旋转运动，主轴以外部件的转动称为回旋运动。如图 7-4d 所示的汽车刮水器，在确定的固定范围内往复转动的运动称为摆动运动。图 7-4e 所示为螺旋运动副特有的运动，其中旋转和平移运动互相对应，称为螺旋运动。

图 7-4 机械运动

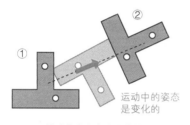

a) 伴随着姿态变化的直线运动

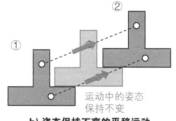

b) 姿态保持不变的平移运动

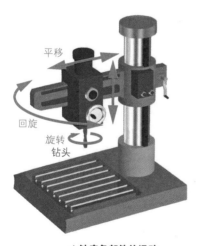

c) 钻床各部件的运动

d) 在固定范围内往复摆动

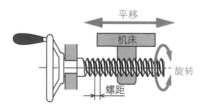

e) 将旋转运动转换为平移运动的螺旋运动

第 7 章 机械的结构

7.3

齿轮

齿轮是一种典型的机械构件。大多数机械的动力源均为旋转动力源，齿轮是机械运动中不可或缺的构件，它可以用于传递转动、改变速度，以及实现旋转和平移的转换等。

▶▶ 1. 齿轮按传动轴类型进行分类

图 7-5a 所示为通过平行轴传动，在圆柱体侧面加工有轮齿的直齿轮。图 7-5b 所示为通过相交轴传动，在圆锥体侧面加工有轮齿的锥齿轮。图 7-5c 所示为通过直角交错轴传动，由螺纹状的蜗杆和盘形蜗轮组成的蜗杆传动副。图 7-5d 所示为通过倾斜交错轴传动的斜齿轮。图 7-5e 所示为小齿轮和直齿齿条的组合，可以实现旋转运动和平移运动的相互转换。

图 7-5　齿轮按传动轴类型进行分类

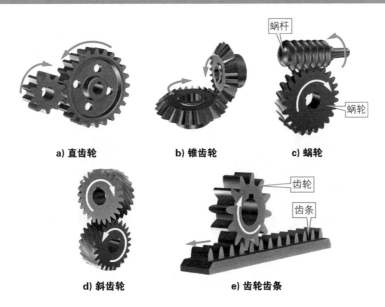

a) 直齿轮　　　　　b) 锥齿轮　　　　　c) 蜗轮

d) 斜齿轮　　　　　e) 齿轮齿条

▶▶ 2. 齿轮按齿线相对于齿轮母线方向进行分类

轮齿通过相互碰撞和摩擦来传递动力，从而导致机械产生噪声和振动。作为一种对策，我们可以设计轮齿的形状。图 7-6a 所示为一个标准的直齿，齿面在接触时会反复产生微小的冲击，从而产生噪声和振动。图 7-6b 所示的斜齿和图 7-6c 所示的圆弧齿可以减小冲击，用于高速和重载的情况。然而，斜齿产生的轴向分力会将齿轮推向一侧。图 7-6d 所示的人字齿通过将齿宽设计成两个相反方向的组合来抵消轴向分力。

图 7-6　齿轮按齿线相对于齿轮母线方向进行分类

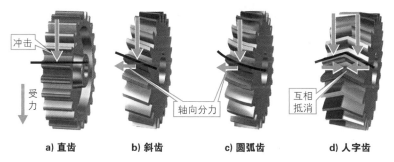

a) 直齿　　　b) 斜齿　　　c) 圆弧齿　　　d) 人字齿

▶▶ 3. 齿廓

图 7-7a 所示啮合齿轮的齿形必须相同。主动齿轮是提供旋转的齿轮，从动齿轮是接收旋转的齿轮。如图 7-7b 所示，代表轮齿大小的值称为模数，单位是 mm（毫米），但模数后一般不附带单位。

图 7-7　齿廓

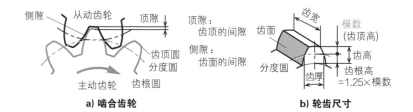

a) 啮合齿轮　　　　　　　　　　b) 轮齿尺寸

第 7 章　机械的结构

7.4
齿轮组

由齿轮组合而成的机构称为齿轮组。根据使用目的，齿轮组可用于减慢或增加旋转速度。

▶▶ 1. 传动比

一对啮合齿轮中两个齿轮在相同时间内的转数和齿数的乘积是相等的，如果传动比 i 用齿数表示的话，则为从动齿轮的齿数除以主动齿轮的齿数。当 $i>1$ 时为减速传动，当 $i=1$ 时为等速传动，当 $i<1$ 时为增速传动。在图 7-8a 所示单级齿轮组中，从动齿轮的转数和中间齿轮没有关系，而是由和主动齿轮的关系决定的。图 7-8b 所示两个中间齿轮为一体的双级齿轮组，其传动比是从动侧齿轮齿数的乘积除以主动侧齿轮齿数的乘积，使单级齿轮组无法实现的高传动比成为可能。

图 7-8 传动比

$$传动比 = \frac{主动齿轮的转数}{从动齿轮的转数} = \frac{从动齿轮的齿数}{主动齿轮的齿数}$$

n：转数
z：齿数

中间齿轮 n_2、z_2
从动齿轮 n_3、z_3
主动齿轮 n_1、z_1

$n_1 z_1 = \boxed{n_2 z_2} = n_3 z_3$
与中间齿轮没有关系
$n_1 z_1 = n_3 z_3$

$$n_3 = n_1 \frac{z_1}{z_3} \qquad i = \frac{z_3}{z_1}$$

a) 单级齿轮组

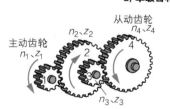

从动齿轮 n_4、z_4
n_2、z_2
主动齿轮 n_1、z_1
n_3、z_3

$n_1 z_1 = n_2 z_2 \quad \therefore n_2 = n_1 \frac{z_1}{z_2}$
$\boxed{n_2 = n_3}$ 两个齿轮是一体的
$n_3 z_3 = n_4 z_4 \quad \therefore n_4 = n_3 \frac{z_3}{z_4}$

$$n_4 = n_1 \frac{z_1 z_3}{z_2 z_4} \qquad i = \frac{z_2 z_4}{z_1 z_3}$$

b) 双级齿轮组

▶▶ 2. 蜗轮蜗杆和齿轮齿条

与其他齿轮副不同，蜗轮蜗杆始终需要蜗杆作为主动齿轮。由于蜗杆有螺纹，所以没有齿数。在图 7-9a 中，带有一条螺旋线的蜗杆称为单头蜗杆，而带有两条螺旋线的蜗杆称为双头蜗杆。蜗杆旋转一圈前进的距离称为导程，①和②的齿距相同，但②的导程是①的两倍。有两条以上螺旋线的蜗杆称为多头蜗杆，有 n 条螺旋线的蜗杆的导程是齿距的 n 倍。如图 7-9b 所示，蜗轮蜗杆的传动比是蜗轮齿数除以蜗杆头数。在图 7-9c 所示的齿轮齿条传动中，如果将齿条看作是在平面上展开的圆柱齿轮（如直齿圆柱齿轮），则齿数是不受限制的，因此，可以通过齿轮的旋转量与齿条的移动量之间的关系来观察齿轮副的运动。

图 7-9　蜗轮蜗杆和齿轮齿条

a) 多条螺旋线　　　　　b) 蜗轮蜗杆

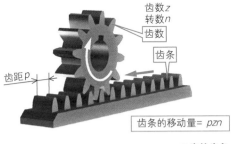

c) 齿轮齿条

7.5

行星齿轮机构

当直齿圆柱齿轮系中的一个齿轮绕其中心旋转，与之相配的齿轮围绕它旋转时，就可以形成一个边自转边公转的行星齿轮机构。

▶▶ 1. 行星齿轮机构的运动

准备两枚 50 日元的硬币，尝试图 7-10a 所示的运动，注意不要打滑，这就是所谓的行星运动。如图 7-10b 所示，行星齿轮机构的基本原理是将两个齿轮和行星架组合在一起，其中一个处于中心位置的齿轮称为太阳轮，另一个围绕太阳轮旋转的齿轮称为行星齿轮。这个运动看起来很复杂，可以使用下面的固定表并按照下面固定法的方法思考。

> **图 7-10　行星齿轮机构的运动**

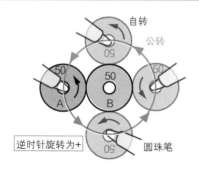

如果用手指按住桌面上的硬币 B，然后用圆珠笔或类似的东西将硬币 A 紧贴着硬币 B 旋转一圈，硬币 A 在围绕硬币 B 旋转（公转）的同时自身也会以桌面为基准旋转两圈（自转）

固定表	硬币B	硬币A	圆珠笔
(1) A和B固定	+1	+1	+1
(2) 笔固定	−1	+1	0
(3) 实际转数	0	+2	+1

a) 行星齿轮

固定表	太阳轮 $z_1=24$	行星齿轮 $z_2=10$	行星架—
(1) 两齿轮固定	+1	+1	+1
(2) 行星架固定	−1	+2.4	0
(3) 实际转数	0	+3.4	+1

b) 行星齿轮机构

▶▶ 2. 固定法

让我们以 50 日元硬币为例，进行简单的实验。把图 7-10a 所示的固定表按照表 7-1 中①~⑥的顺序进行填充。对于初学者来说，③和④中的假设比较难理解，但这里是重点，这种方法称为固定法。请挑战一下图 7-10b 中的固定表吧。请注意，在⑤的齿轮啮合中，因为太阳轮和行星齿轮的旋转方向是相反的，所以行星齿轮⑤的转数是−(−1×24/10) = +2.4。

表 7-1 固定法

全体固定表	硬币B	硬币A	圆珠笔
(1) A 和 B 固定	+1③	+1③	+1③
(2) 笔固定	−1④	+1⑤	0④
(3) 实际转数	0①	+2⑥	+1②

① 因为硬币B实际是静止的，所以转数为0
② 圆珠笔实际逆时针旋转了一圈，所以转数为+1
③ 假设用胶水把两个硬币粘连起来，即硬币和圆珠笔均逆时针旋转一圈，所以转数为+1
④ 假定圆珠笔没有旋转，则(2)=(3) − (1)
⑤ 如果硬币B是顺时针旋转一圈，则硬币A的旋转方向相反，为逆时针旋转一圈
⑥ 硬币A实际的旋转是逆时针旋转两圈，即(3)=(1)+(2)

▶▶ 3. 身边的行星齿轮机构：手动削铅笔机

图 7-11 所示为手动削铅笔机的行星齿轮机构部分。刀片和小齿轮是一体的，被组装在用手柄可以转动的行星架上。小齿轮是行星齿轮，固定在壳体上的内齿轮是太阳轮，刀片和小齿轮同时旋转以实现削铅笔动作。

图 7-11 手动削铅笔机

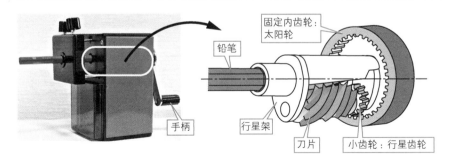

固定内齿轮：太阳轮
铅笔
行星架
手柄
刀片
小齿轮：行星齿轮

第7章 机械的结构

7.6

差动齿轮机构

当向行星齿轮机构中作为固定件的太阳轮输入旋转时，会产生行星架旋转和太阳轮旋转的合成运动，这种机构就是差动齿轮机构。

▶▶ 1. 差动齿轮机构的运动

图 7-12a 中的固定表适用于图 7-10b 中的行星齿轮机构。相同条件下，此处如果给太阳轮输入 +2 转的差动输入，行星齿轮的实际转数会发生变化（见图 7-12b），这是因为行星齿轮的（2）行星架固定栏中的太阳轮和行星齿轮的反转过程如下，这种装置称为差动齿轮机构。

$$-(1 \times \frac{24}{10}) = -2.4$$

因为太阳轮和行星齿轮的旋转方向相反，所以乘以 −1

图 7-12 差动齿轮机构

太阳轮：差动输入

行星架：主动件

自转

公转

行星齿轮：从动齿轮

基座

行星架逆时针旋转一圈(+1)，太阳轮逆时针旋转两圈(+2)，行星齿轮和行星架一起逆时针旋转一圈(+1)的时候，行星齿轮自身相对于基座顺时针旋转 1.4 圈(自转)

太阳轮固定的固定表	太阳轮 $z_1=24$	行星齿轮 $z_2=10$	行星架 —
(1)两齿轮固定	+1	+1	+1
(2)行星架固定	−1	+2.4	0
(3)实际转数	0	+3.4	+1

a) 行星齿轮机构的运动

太阳轮逆时针旋转两圈的固定表	太阳轮 $z_1=24$	行星齿轮 $z_2=10$	行星架 —
(1)两齿轮固定	+1	+1	+1
(2)行星架固定	+1	−2.4	0
(3)实际转数	+2	−1.4	+1

两个输入端

b) 差动齿轮机构的运动

▶▶ 2. 自行车内的三级变速装置

图 7-13a 所示是实用的差动齿轮机构的例子，它将内齿轮、行星架输入轴和太阳轮结合在一起，以实现增速和减速。在这个例子中，行星齿轮充当中间齿轮。图 7-13b 所示是自行车后轮的内装三级轮毂齿轮的应用实例。

图 7-13 自行车内的三级变速装置

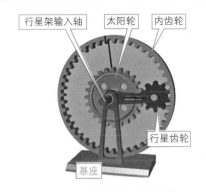

a) 实用差动齿轮机构的构成

b) 自行车内的三级轮毂齿轮

▶▶ 3. 汽车的差速器

在图 7-14a 中，当车辆向右转弯时，左侧轮胎的转数要比右侧轮胎的转数多。在驱动轮上执行这一动作的装置就是图 7-14b 所示的差速器。

图 7-14 汽车的差速器

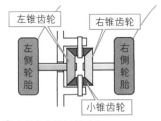

①右锥齿轮的转数减少
②转数的减少使小锥齿轮旋转
③小锥齿轮使左锥齿轮的转数增加

a) 差速器的动作

b) 差速器模型

7.7

挠性传动装置

链和链轮、带和带轮或任何其他可自由变形，但仍能传递拉力的构件与旋转构件结合在一起的传动装置，称为挠性传动装置。

▶▶ 1. 挠性传动的例子

图 7-15a 所示为链和链轮的例子，图 7-15b 所示为踏板摩托车带传动装置的例子。以上两者均为前方的主动侧拉动后方的从动侧，因此上方是张紧侧，下方是松弛侧，如图 7-15c 所示。链和链轮通过啮合传动。摩擦型带传动因为是通过带和带轮之间的摩擦传递运动的，所以会发生打滑。挠性传动的特点是可在相距较远的轴之间进行传动。

图 7-15 挠性传动的例子

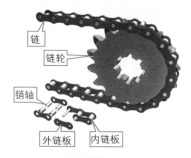

a) 链和链轮

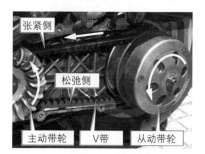

b) 踏板摩托车的带传动装置

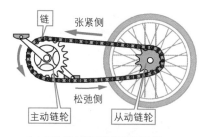

c) 自行车链条的张紧侧和松弛侧

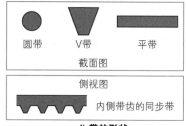

d) 带的形状

▶▶ 2. 带轮的旋转方向

在图 7-15 所示的自行车和踏板摩托车示例中，传动方向由机械的具体应用和结构决定。如图 7-16 所示，在设计传动装置时可以考虑两种旋转方向。在图 7-16a 中，下方为松弛侧，在图 7-16b 中，上方为松弛侧，对比两个图可以明显看出，图 7-16b 中的包角更大。对于摩擦型带传动系统，建议按图 7-16b 所示设置旋转方向。

图 7-16 带轮的旋转方向

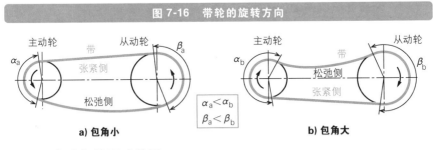

a) 包角小　　　　　　　　　　　　　　　　b) 包角大

▶▶ 3. 自动门的驱动装置

图 7-17 所示为便利店中常见的双开自动门的驱动装置。两扇门分别固定于同步带的上下侧，从而产生双开动作。利用带传动的双开机构也被用于有轨电车的车门上。除了自行车，我们还能在喷墨打印机更换墨盒时在打印头进纸装置中看到挠性传动机构。挠性传动的另一个应用是自动扶梯的链传动，不过从外面很难看到内部结构。

图 7-17 自动门的驱动装置

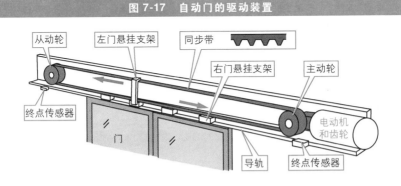

7.8

无级变速机构

现在大多数汽车中的变速器采用无级变速器。为确保平稳变速，无级变速器使用了锥体、滚珠、滚柱和带相结合的机构。

▶▶ 1. 无级变速机构的例子

图 7-18 所示为无级变速机构的例子，这些例子均处于增速状态中。通过作为中间元件的滚轮、圆环、球体和带轮等的移动和角度改变来实现主动轮半径 r_1 和从动轮半径 r_2 的变化，从而实现无级变速。$r_1/r_2 < 1$ 为减速，$r_1/r_2 = 1$ 为等速，$r_1/r_2 > 1$ 为增速。$u = r_1/r_2$ 称为角速度比或速比，它是齿轮组传动比的倒数。

图 7-18　无级变速机构的例子

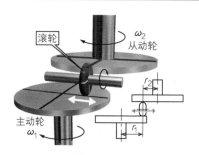

a) 两个圆盘和滚轮

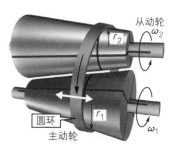

b) 圆环和圆锥

c) Kopp式

d) 球体和圆锥

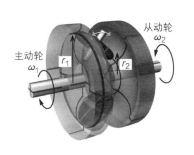

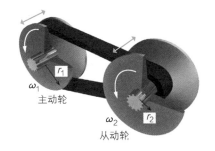

e) 滚轮全环式　　　　　　**f) 带和圆锥**

2. 摩擦压力机

图 7-19 所示为利用了摩擦轮的摩擦压力机。通过切换连接在轴 S 上的摩擦轮 A 和 B（由飞轮提供惯性）及中间由螺杆连接的摩擦轮 C，压力机可以反复加压和返回。当螺杆远离轴 S 时，主动侧的半径变大，压板速度变快；当螺杆靠近轴 S 时，主动侧的半径变小，压板速度变慢。

图 7-19　摩擦压力机

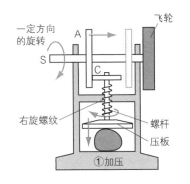

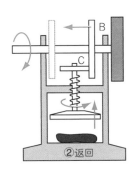

① 当把摩擦轮A推向摩擦轮C并且旋转时，螺杆随之旋转，压板下降施压

② 当把摩擦轮B推向摩擦轮C并且旋转时，螺杆反向旋转，压板上升返回

a) 加压　　　　　　　　　　**b) 返回**

第7章 机械的结构

7.9

离合器和制动器

机械需要具有动力的接合、分离和制动功能。离合器是提供动力接合和分离的装置，制动器是提供制动功能的装置，这两者的机构几乎是完全相同的。

▶▶ 1. 离合器的例子

图 7-20 所示为接合和断开旋转的离合器的例子。提供旋转的一侧为主动件，接收旋转的一侧为从动件。无论设备的旋转状态如何，离合器都必须能够在任何情况下工作，但图 7-20c 所示的嵌合式离合器要求嵌合的凹凸部分同步。图 7-20g 和 h 中的电磁离合器和磁粉离合器是接触式的，但也有利用电磁线圈产生的涡流的非接触式涡流离合器和制动器等。

图 7-20 离合器的例子

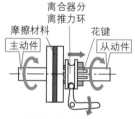

通过摩擦材料的接触和非接触实现旋转的接合和分离

a) 圆盘摩擦式离合器

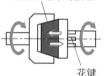

通过锥形摩擦面的接触和非接触实现旋转的接合和分离

b) 圆锥摩擦式离合器

通过相对的凹凸表面的啮合实现旋转的接合和分离

c) 嵌合式离合器

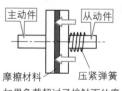

如果负载超过了接触面的摩擦力，摩擦材料就会滑动

d) 恒转矩离合器

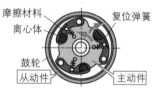

主动件转速变大时，通过离心力使摩擦材料和从动件接触

e) 离心摩擦离合器

主动件沿正向旋转，滚子被压在鼓轮上起传动作用

f) 单向离合器

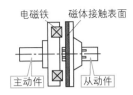

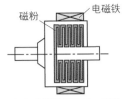

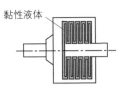

当电磁铁被激励时,从动件会被吸附到电磁铁上进行传动

g) 电磁离合器

当电磁铁被激励时,磁粉被锁定以进行传动

h) 磁粉离合器

利用密闭容器中液体的黏性来传递动力

i) 流体离合器

2. 摩擦式离合器构件的例子

图 7-21a 所示为摩托车圆盘摩擦式离合器的摩擦材料（摩擦片），由于摩托车离合器的安装空间较小，每个摩擦片的接触面积较小，因此在该装置中采用 6 片摩擦片传递动力。图 7-21b 所示为图 7-20e 所示小型踏板摩托车离心摩擦离合器的主动件和从动件。当用带传动驱动的主动件转速增加时，摩擦材料在离心力的作用下被压在鼓轮摩擦面上，从而传递动力。

图 7-21 摩擦式离合器构件的例子

a) 圆盘摩擦式离合器的摩擦材料

b) 离心摩擦离合器的主动件和从动件

第7章 机械的结构

▶▶ **3. 摩擦制动器的例子**

图 7-22 所示摩擦制动器利用的是固体接触产生的摩擦力，将动能转换为热能，从而降低速度。

图 7-22a 所示块式制动器通过将制动衬块压在制动鼓上进行制动，它不受制动鼓旋转、停止和旋转方向的影响。

图 7-22b 所示鼓式制动器通过将制动蹄压向制动鼓的内表面实现制动。在主制动方向上，当制动蹄与制动鼓接触时可以产生自制动作用。

图 7-22c 所示为带式制动器，当制动带在旋转的制动鼓上拉紧时，制动鼓会产生自制动，进一步将制动带拉紧。带式制动器对于反向旋转的制动力较低。带式制动器可在自行车后轮中看到。

图 7-23d 所示滚子制动器的制动操作为：拉动制动臂①使盘形凸轮旋转，从而使滚子②将制动蹄③压向制动鼓。制动蹄表面没有摩擦材料，与制动鼓之间直接金属接触，内部填充的特殊润滑脂含有一种可用作摩擦材料的成分。这种制动器具有很强的制动力，一些自行车的前轮和后轮采用的是滚子制动器。

图 7-23e 所示盘式制动器通过将摩擦块压在制动盘上进行制动，不受制动盘旋转、停止和旋转方向的影响。

图 7-22 摩擦制动器的例子

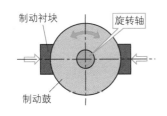

a) 块式制动器

b) 鼓式制动器

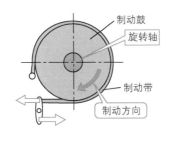

c) 带式制动器

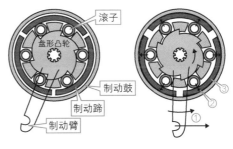

d) 滚子制动器

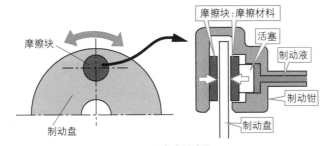

e) 盘式制动器

7.10
凸轮机构

凸轮机构可以利用少量元件实现运动状态的改变，如旋转、平移和摆动的转换。在凸轮机构中，主动件和从动件通常无法互换。

▶▶ 1. 各种凸轮机构

在图 7-23 所示的凸轮机构中，接触点的轨迹为平面曲线的凸轮称为平面凸轮，而轨迹为空间曲线的凸轮称为立体凸轮。一般情况下，从动件通过自身重量或弹簧等跟随主动件运动，但如图 7-23c、g、h 所示，主动件通过滚子等约束从动件运动的凸轮称为确动凸轮。在图 7-23d、i 中，虽然是从动件约束运动，但作为一个机构，它仍可以被视为确动凸轮。

图 7-23   各种凸轮机构

a) 盘形凸轮(平面凸轮)

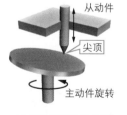

b) 斜盘凸轮(立体凸轮)

c) 正面凸轮(平面凸轮)

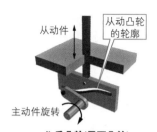

d) 反凸轮(平面凸轮)

e) 刮水器凸轮(平面凸轮)

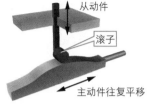

f) 移动凸轮(平面凸轮)

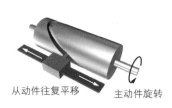
g) 圆柱凸轮(立体凸轮)

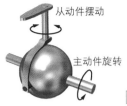
h) 球面凸轮(立体凸轮)

i) 偏心凸轮(平面凸轮)

▶▶ 2. 盘形凸轮的凸轮曲线

如图 7-24 所示，横轴表示凸轮的旋转角度，纵轴表示从动部分运动的图线称为凸轮曲线。根据纵轴内容的不同，凸轮曲线可以是位移曲线、速度曲线或加速度曲线。如果已经确定了位移曲线（见图 7-24a），将各点与决定凸轮尺寸的基圆相连，再加上每个旋转角度的位移，就可以得到盘形凸轮的轮廓（见图 7-24b）。根据匀速运动的位移曲线，可以绘制出速度曲线（见图 7-24c）和加速度曲线（见图 7-24d）。在旋转角为 π 的一点，短时间内的速度变化会产生瞬时加速度，这种现象会对凸轮机构产生冲击力。

图 7-24　盘形凸轮的凸轮曲线

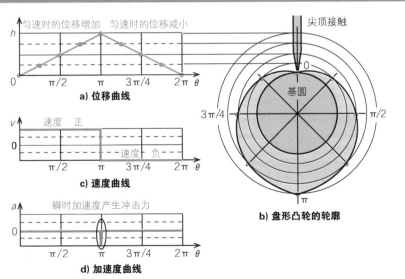

a) 位移曲线

c) 速度曲线

d) 加速度曲线

b) 盘形凸轮的轮廓

7.11
凸轮应用的例子

以下是凸轮应用的例子。许多例子是利用主动件轮廓形状和姿态的微小变化来产生运动的，因此请注意主动件和从动件的运动。

▶▶ 1. DOHC 发动机的凸轮

OHC 是 Over Head Camshaft 的缩写，意为顶置凸轮轴，是指在四冲程发动机中，用于打开和关闭进气门和排气门的凸轮轴位于气缸上方的气缸盖内；SOHC 是 Single Over Head Camshaft 的缩写，意为单顶置凸轮轴，是指进气门和排气门由一根凸轮轴同时控制的设计；DOHC 是 Dual Over Head Camshaft 的缩写，意为双顶置凸轮轴，是指进气门和排气门由两根独立的凸轮轴控制的设计。

图 7-25 所示是利用作为主动件的配气凸轮驱动作为从动件的挺柱，从而打开和关闭进气门的机构。挺柱总是通过气门弹簧与配气凸轮紧密接触，配气凸轮向下推压，进气门打开，气门弹簧向上作用，进气门关闭。

图 7-25　四冲程 DOHC 发动机的凸轮运动

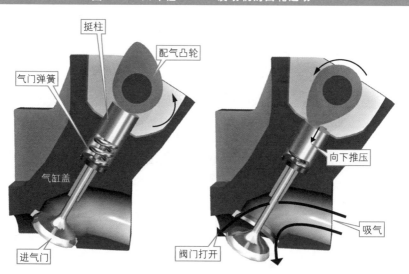

▶▶ 2. 镜头驱动装置

图 7-26 所示为在相机对焦和变焦过程中驱动前端镜头的机构。作为主动件的圆柱凸轮通过电动或手动方式旋转，通过凹槽和从动件的驱动销伸缩镜头。步进电动机、超声波电动机和直线电动机可用于为镜头提供动力。

图 7-26 镜头驱动装置

▶▶ 3. 凸轮开关

图 7-27 所示为用作机械电源开关或转换开关的凸轮开关。图 7-27 展示了一个具有三个档位的开关示例：1（开 1）、0（关）和 2（开 2），它利用盘形凸轮轮廓的凹凸来断开和闭合触点 1 和 2。开关"开"对应"触点闭合"，开关"关"对应"触点断开"。

图 7-27 用于电源控制的凸轮开关

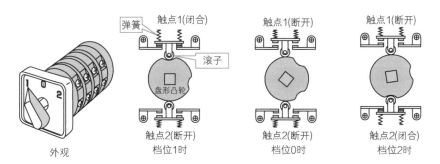

第 7 章 机械的结构

201

7.12

连杆机构

连杆由多个杆件通过销轴连接而成：三个杆件可以组成一个不动的桁架，四个杆件可以组成一个传递运动的连杆机构。杆件本身也称为连杆。

▶▶ 1. 连杆结构

图 7-28a 所示为两个连杆通过销轴组合成为转动副。图 7-28b 所示为第 5 章中介绍的桁架。图 7-28c 所示四杆机构可用于机械机构中，因为每个连杆都有确定的相对运动。图 7-28d 所示的多个连杆不能用作机构，因为各连杆的运动不受约束。四杆机构简图如图 7-28e 所示。日常蹬自行车的运动过程和游乐园飞毯的原理也可以用这种简图形式来表达。

图 7-28　连杆结构

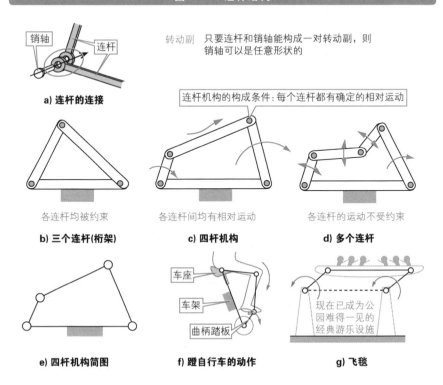

销轴　连杆

转动副　只要连杆和销轴能构成一对转动副，则销轴可以是任意形状的

a) 连杆的连接

连杆机构的构成条件：每个连杆都有确定的相对运动

各连杆均被约束

b) 三个连杆(桁架)

各连杆间均有相对运动

c) 四杆机构

各连杆的运动不受约束

d) 多个连杆

e) 四杆机构简图

车座
车架
曲柄踏板

f) 蹬自行车的动作

现在已成为公园难得一见的经典游乐设施

g) 飞毯

▶▶ 2. 格拉霍夫定理

当大人骑小朋友的自行车时是无法正常地蹬踏板的。图 7-29 所示的格拉霍夫定理给出了连杆机构能够形成完整运动需要满足的条件。

图 7-29 格拉霍夫定理

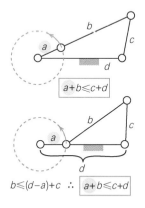

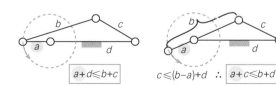

将杆 a 逆时针旋转，连杆机构会出现四种运动极限状态，并根据三角形的性质"两边长度之和大于第三边"来整理杆的长度公式

格拉霍夫定理
最短杆和另一杆的长度之和小于或等于其余两杆的长度之和

▶▶ 3. 四杆机构

构件间用四个转动副相连的平面四杆机构称为平面铰链四杆机构，如果没有特别严格的要求，一般称为四杆机构。图 7-30a 显示了四杆机构各部分的名称和功能。图 7-30b 所示四杆机构将最短杆旁边的杆固定，称为曲柄摇杆机构。

图 7-30 四杆机构

名称	功能
曲柄	旋转
摇杆	摆动
连杆	连接
固定杆(机架)	固定

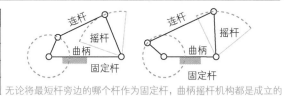

无论将最短杆旁边的哪个杆作为固定杆，曲柄摇杆机构都是成立的

a) 杆的名称和功能　　　　　　**b) 曲柄摇杆机构**

7.13

连杆机构的应用

机构的作用是输入、转换和输出运动。只需要对设置稍作改动，连杆机构就能产生很多类型的运动。

▶▶ 1. 杆的变换

在格拉霍夫定理条件下成立的四杆机构中，当改变机构中的固定杆时，四杆机构会产生不同的运动，如图 7-31 所示，这称为杆的变换或机构的变换。图 7-31d 中的曲柄滑块机构是将摇杆变换为移动副的机构，虽然只有三个连杆，但运动副的数量仍为四，即三个转动副+一个移动副。

图 7-31　杆的变换

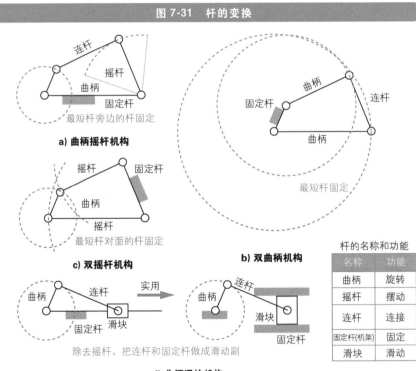

a) 曲柄摇杆机构

c) 双摇杆机构

b) 双曲柄机构

d) 曲柄滑块机构

杆的名称和功能

名称	功能
曲柄	旋转
摇杆	摆动
连杆	连接
固定杆(机架)	固定
滑块	滑动

▶▶ 2. 连杆机构的应用

图 7-32 所示为连杆机构应用的例子，其中各连杆机构都包括接收运动的主动件，输出运动的从动件，固定机构的固定件，以及连接主动件和从动件的中间件。

图 7-32　连杆机构的应用

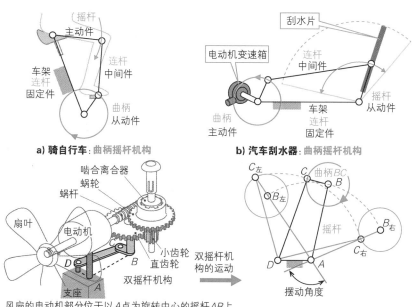

a) **骑自行车**：曲柄摇杆机构　　b) **汽车刮水器**：曲柄摇杆机构

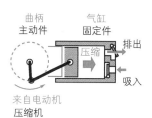

风扇的电动机部分位于以 A 点为旋转中心的摇杆 AB 上
曲柄 BC 通过齿轮组减速，以 B 点为中心旋转
以 $AB-BC$ 为一边的话，则 $\triangle AC_右 D$ 是连杆 AB 的右极限位置
以 $AB+BC$ 为一边的话，则 $\triangle AC_左 D$ 是连杆 AB 的左极限位置

c) **风扇旋转**：双摇杆机构

机械做功是通过气缸容积的变化来完成的。压缩机通过气缸内外的压力差打开和关闭阀门，而发动机则通过机械装置打开和关闭阀门

d) **压缩机和发动机**：曲柄滑块机构

7. 14

连杆机构的奇异点

当连杆机构的各杆处于某个特殊位置时，该机构可能无法运动或者产生不确定的运动，我们把这个位置叫作奇异点。

▶▶ **1. 死点**

在图 7-33a 所示的机构中，当力作用在摇杆上时，会对曲柄产生力矩，从而使曲柄旋转。对于同一机构，当处于图 7-33b 和 c 所示位置时，由于产生力矩的力臂为零，力作用在摇杆上后从动件不会转动，连杆机构也停止运动。在图 7-33b 中，因为作为主动件的摇杆位于右侧，所以摇杆的运动方向是逆时针的，而在图 7-33c 中，主动件摇杆位于左侧，所以摇杆只能顺时针旋转。然而，在图 7-33b 中，摇杆对曲柄施加的力 F 只是推动曲柄，并没有产生使曲柄旋转的力矩；同理，在图 7-33c 中，曲柄只是被拉动，并没有旋转。因此，死点只进行力的传递，但不产生力矩，也不产生运动。

在图 7-33d 和 e 中，当死点的平衡被打破时，同样的输入会导致从动件产生两种不同的输出。

在图 7-33d 中，图 7-33b 中的平衡由于某种原因被打破，力 F 的作用线移到了曲柄旋转中心的上侧，导致曲柄逆时针旋转。同理，图 7-33e 所示为力 F 的作用线移到了曲柄旋转中心的下侧，导致曲柄逆时针旋转。虽然主动件摇杆的运动相同，但从动件的运动却不同，因此不满足机构的条件。

图 7-33 死点

力矩=*FL*

在曲柄连杆机构中，当主动件摇杆逆时针旋转时，会对从动件曲柄产生*FL*的力矩使其旋转

a) 从动件曲柄的旋转

b) 摇杆在右侧的死点

c) 摇杆在左侧的死点

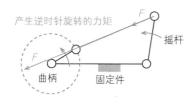

d) 从动件逆时针旋转

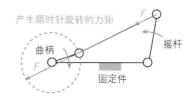

e) 从动件顺时针旋转

第7章

机械的结构

▶▶ 2. 从发动机看奇异点

图 7-34 所示为四冲程发动机的曲柄滑块机构，其中平移活塞和旋转曲柄交替作为主动件和从动件执行运动，如图 7-34a 所示。图 7-34b、c 所示位置为机构的奇异点，引出了死点的问题。实际上，图 7-34d 所示的多缸发动机可以解决奇异点问题，因为当一个气缸处于奇异点时，其他气缸会产生转矩。

图 7-34　四冲程发动机（曲柄滑块机构）

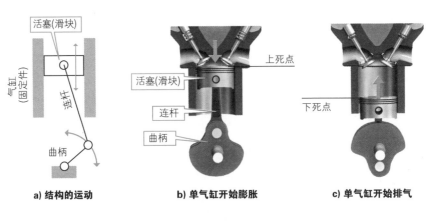

a) 结构的运动　　　　　b) 单气缸开始膨胀　　　　　c) 单气缸开始排气

d) 多缸发动机

7.15

快速返回机构

曲柄滑块机构可以通过杆的变换衍生出多种运动的变化，这些运动大部分都有一个特点，即从动件可以快速返回。

▶▶ 1. 曲柄滑块机构的运动

图 7-35a 所示为一个往复曲柄滑块机构，它是 7.13 节中压缩机和发动机等的基本机构。如果曲柄的转速恒定，则往返行程运动所需的时间相同。图 7-35b 所示摆动曲柄滑块机构被称为快速返回机构，因为该机构的结构决定了回程所需的时间短于去程所需的时间。

图 7-35　曲柄滑块机构的运动

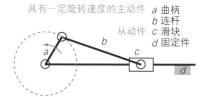

具有一定旋转速度的主动件　a 曲柄
　　　　　　　　　　　　　b 连杆
从动件　c 滑块
　　　　d 固定件

具有一定旋转速度的主动件　a 曲柄
　　　　　　　　　　　　　b 滑块
从动件 c 摇杆前端
　　　 d 固定件

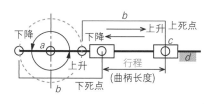

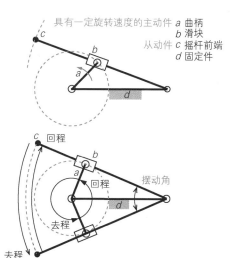

由于滑块的下降和上升行程相等，曲柄的下降和上升旋转角度也相等，因此从动件的去程和回程所需的时间也相等

由于曲柄的去程旋转角大于回程旋转角，所以点 c 的去程时间大于回程时间，是回程的快速返回机构

a) 往复曲柄滑块机构

b) 摆动曲柄滑块机构

▶▶ **2. 牛头刨床的快速返回机构**

图 7-36a 所示为驱动牛头刨床滑枕的摆动曲柄滑块机构。该机构允许牛头刨床在滑枕向前刨削时以低速运动，而在滑枕向后退刀时快速返回。由于刨削是一种切削阻力较大的加工方法，因此进行了刨刀退让设计。如图 7-36b 所示，当向前刨削时切削阻力较大，可通过弯曲刀杆产生的微弱的向后偏转变形来避免刀具的损坏或刀具"啃入"工件；当向后退刀时，整个刀架可通过转动副旋转一定角度向前抬起，避免刀尖损坏已加工的材料表面。

图 7-36 牛头刨床的快速返回机构和刨刀退让

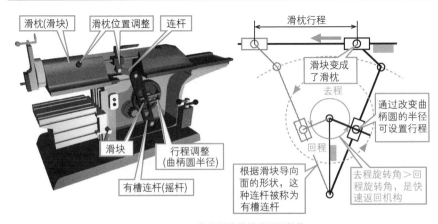

a) 牛头刨床的快速返回机构

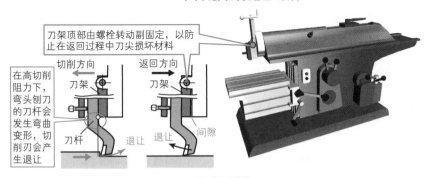

b) 刨刀退让

第 **8** 章

机械和控制

空调、电水壶、冰箱和洗衣机等都是典型的自动控制设备。自动门和电梯也是我们熟悉的在自动控制下运行的机械。如今的机械都在不同程度地积极利用传感器和计算机。

8. 1

控 制

所谓控制，就是按照自己的意愿操纵所处理事物的状态。以下让我们纵观各个学科中的控制。

▶▶ 1. 手动控制和自动控制

控制的原理是检测控制量的状态并与目标值进行比较，向控制对象提供与偏差相对应的操作量，使控制量更接近目标值。图 8-1a 所示为手动控制的例子，其中液位控制的操作由人工完成；图 8-1b 所示为自动控制的例子，其由装置自动执行操作，不需要人工干预。由于经常会出现一些不熟悉的术语，图 8-1c 对它们进行了简要介绍。

图 8-1 手动控制和自动控制

人通过目测水面高度，并将其与目标值进行比较，然后手动打开或关闭阀门，调节水量

a) 手动控制

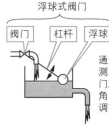

通过浮球的上升或下降检测水面高度，杠杆带动阀门旋转，比较阀门的旋转角，打开或关闭水流通道，调节水量

b) 自动控制

术语	简介	液面控制的例子
控制量	想要控制的量	水面的高度
目标值	控制量的希望值	
比较	比较目标值和现在值	大脑的思考和阀门的旋转角
偏差	目标值和现在值的差	
控制对象	把操作量反映成控制量的机械	阀门
操作量	根据偏差对控制对象进行操作的量	阀门的开度

c) 术语简介

▶▶ 2. 身边的控制示例

如图 8-2 所示，支撑我们生活的几乎所有物品都是在某种控制下发挥作用的。控制方法的分类有很多种，最熟悉的分类为模拟量控制（即对连续的量进行微调，见图 8-2g）和数字量控制（即对打开或者关闭这样的离散量进行处理，见图 8-2h）。

图 8-2　身边的控制示例

a) 空调　　　　　　　　b) 洗衣机　　　　　　　　c) 电水壶

d) 电动助力自行车　　　　e) 汽车　　　　　　f) 工业机器人

向左边旋转，
流量大

向右边旋转，
流量小

g) 模拟量控制

在设定温度以下，
加热器开启
在设定温度以上，
加热器关闭
按设定时间关闭
加热器

h) 数字量控制

第8章　机械和控制

8.2

机械的控制系统

机械控制的范围非常广泛，我们先对最容易理解的顺序控制和反馈控制进行介绍。

▶▶ 1. 各种各样的控制系统

图 8-3a 所示为主要用于制造工厂等，把流体的流量、温度、压力、酸碱度和质量等作为控制对象的过程控制。图 8-3b 所示为由条件和顺序决定机械动作的顺序控制的例子。图 8-3c 所示为主要以机械的位置、姿态和速度等机械量和运动作为控制对象的反馈控制的例子。本章将讨论顺序控制和反馈控制，如图 8-3d 所示。

图 8-3　各种各样的控制系统

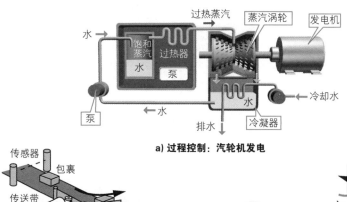

a) 过程控制：汽轮机发电

由传感器读取包裹的配送地址等信息，并通过控制不同配送地址的气缸对包裹进行分类

b) 顺序控制：包裹的分拣控制

刃部为球形的立铣刀用于铣削曲面

c) 反馈控制：球头立铣刀立体加工

分类	顺序控制	反馈控制
简介	按照预定的顺序、时间或条件进行操作	使机械的位置、姿态、速度等 更接近目标
身边的 例子	全自动洗衣机 自动贩卖机 交通信号灯、铁路和公路交叉路口安全装置 电梯楼层的选择	汽车的动力转向装置 电动助力自行车 磁盘驱动器 电梯的速度控制

d) 顺序控制和反馈控制

▶▶ 2. 根据目标值进行控制的分类

控制按目标值的不同可分为恒值控制和随动控制，如图 8-4 所示。图 8-1 所示的液位控制属于恒值控制。程序控制的意思是"预先确定好的"，我们熟悉的例子是列车的运行控制。在手掌中竖一根长棍，若使其不会倒下就必须根据棍子的倾斜而移动手掌，这种操作称为随动控制。

> **图 8-4　根据目标值进行控制的分类**

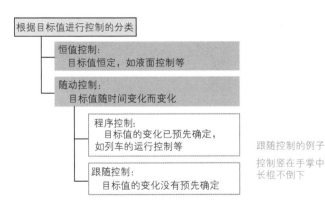

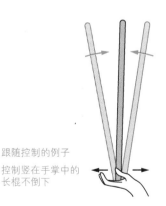

跟随控制的例子

控制竖在手掌中的长棍不倒下

第8章　机械和控制

8.3
顺序控制

像洗衣机和交通信号灯一样，按照预先确定的顺序、时间和条件等依次进行操作的控制称为顺序控制。

▶▶ 1. 三个顺序控制

顺序控制是指在给出动作的开始命令后，随着时间的经过，控制会按顺序一步一步地执行。如图 8-5 所示，次序控制是在一项作业完成后执行下一项作业指令的动作。时间控制是在计时器控制下执行动作一段时间后执行下一个动作。条件控制是对检测器等发出的信号进行判断，如果条件满足，则执行下一个动作。根据动作的内容，这些控制会被组合起来执行。图 8-5a 所示的洗衣机通过内置的计算机执行三种控制。在图 8-5b 所示的电烤箱中，控制由档位开关和计时器执行。

图 8-5 三个顺序控制

● 从洗涤到干燥

次序控制

注水 ➡ 洗涤 ➡ 排水 ➡ 冲洗 ➡ 脱水 ➡ 干燥

时间控制
洗涤、冲洗、脱水、干燥等的时间

条件控制
盖子的开关、水的有无、衣物的量等

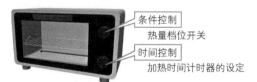

条件控制
热量档位开关

时间控制
加热时间计时器的设定

a) 洗衣机　　　　　　　　　b) 电烤箱

▶▶ 2. 顺序控制框图

表示控制内容和信号流的图称为控制框图。图 8-6a 所示为某作业阶段的顺序控制框图示例。当发出开始控制动作的命令时，控制器会对控制对象执行第一阶段的操作。当检测器检测到第一阶段的控制完成时，开始执行下一阶段的控制。动作的完成与否由检测器的输出或计时器决定。顺序控制的动作按顺序执行，直至最后一个操作完成。限位开关、温度开关和压力开关等可检测开和关两种状态的开关可用作检测器。图 8-6b 所示为一个限位开关，当有物体触碰控制杆时，它通过将触点连接从 c-b 切换到 c-a 来检测物体的存在。图 8-6c 所示为一个模拟控制装置，用于电烤箱上以 240℃的温度加热比萨 5min。

1）开始命令：设定温度 240℃，计时器时间 5min，开始加热。

2）条件控制：在目标值 240℃的情况下，反复开启/关闭加热器。

3）时间控制：5min 后，不管加热器是处于开启还是关闭状态，工作结束。

顺序电路是处理顺序操作信号的电路，有电路板电路、半导体电路等，专门进行顺序控制的控制装置称为顺序控制器。

图 8-6　顺列控制框图

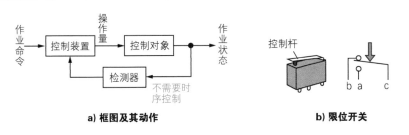

a) 框图及其动作　　　　　　　　b) 限位开关

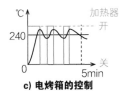

c) 电烤箱的控制

第 8 章　机械和控制

8.4

反馈控制

通过不断将当前状态反馈到目标值，并根据与目标值的偏差确定操作量来控制状态的方法称为反馈控制。

▶▶ 1. 恒值控制和随动控制

图 8-7a 所示的冰箱和空调都是执行恒值控制的机械，它们总是试图保持一个设定的目标值。图 8-7b 所示的电动助力自行车在任何骑行状态下都会控制电动机，使腿部和轮胎阻力产生的转矩差值最小化。在驾驶汽车时，驾驶目标值是根据周围的情况不断变化的，像这种没有固定目标值，而是根据变量的变化进行调整的控制方法即为随动控制。

图 8-7　恒值控制和随动控制

对冰箱和空调进行控制，以确保冰箱内和室内条件始终保持在设定的目标范围内

a) 恒值控制的例子

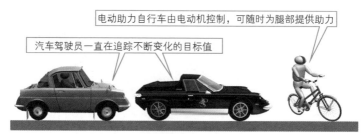

电动助力自行车由电动机控制，可随时为腿部提供助力

汽车驾驶员一直在追踪不断变化的目标值

b) 随动控制的例子

▶▶ 2. 反馈控制框图

将控制结果反馈给指示端的操作称为反馈。冰箱、空调、电动助力自行车和汽车的控制方式都是根据不断变化的条件进行的反馈控制。在图 8-8 中，反馈控制的检测器输出称为反馈信号，如果该反馈以负值的形式返回，以起到减小偏差的作用，这就是所谓的负反馈控制。构成控制系统的控制信号形成了一个回路。来自控制系统外部干扰控制的信号称为干扰信号。在反馈控制中，控制循环也包括干扰信号。

图 8-8　反馈控制框图

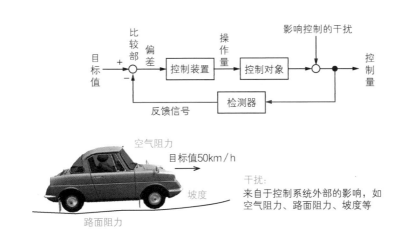

思考一下一辆以 50km/h 的速度为目标值的汽车。

1）如果当前速度为 45km/h，则偏差为（50−45）km/h＝5km/h，操作量为加速。

2）如果当前速度为 55km/h，则偏差为（50−55）km/h＝−5km/h，操作量为减速。

负反馈信号可用于减小偏差，使其更接近目标值。

如果由驾驶员执行这一反馈操作，则为手动控制；如果由自动巡航系统执行，则为自动控制。

反馈控制的特性

当给反馈控制系统提供一个阶跃输入时，输出会来回波动然后保持稳定。输出的这种行为受控制系统的响应速度和稳定性影响。

▶▶ 1. 开关控制和伺服控制

图 8-9a 所示为一种开关控制，它在目标值上、下设定开关的目标值，并在这两个值之间进行信号或者动力的开启和关闭，也称为继电控制。图 8-9b 所示为在机床控制中经常使用的伺服控制。伺服电动机是一种跟踪性能较好的电动机，如今内置旋转角度传感器的交流伺服电动机已得到了广泛应用。

图 8-9 开关控制和伺服控制

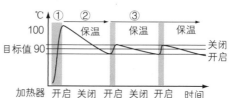

①注水后，从常温加热到沸腾
②利用电热水壶的隔热层来保温
③在保温设定温度值附近持续开启和关闭加热器

a) 带有微型计算机的电热水壶的开关控制

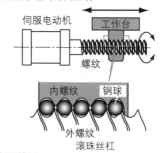

b) 机床的伺服控制

伺服电动机对输入信号具有高伺服（servo：随动）特性和高旋转角精度。使用伺服机构的机械控制称为伺服控制。使用滚珠丝杆的机构可在电动机的旋转角度和工作台的平移之间建立高精度的比例关系。

▶▶ 2. 反馈控制的特性

图 8-10a 所示为反馈系统对阶跃输入做出反应的曲线。下面以图 8-10b 所示的电动助力自行车为例来进行说明。阶跃输入是初始的脚踏。如果立刻输出与脚踏力量成正比的助力，自行车可能会窜出去。因此，我们向电动机发送的信号要稍微慢一些，逐渐增加电动机的功率。如果助力太强，就把功率降低，调整到最佳的助力，短时间内会在超出目标值和低于目标值之间波动，从而实现最佳的辅助控制。脚踏的力量和助力由转矩传感器检测。

图 8-10 反馈控制的特性

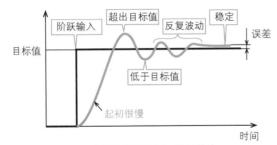

a) 反馈控制的输入-输出特性

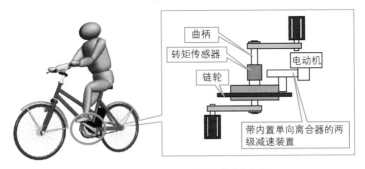

b) 电动助力自行车的动力部分

第8章 机械和控制

8.6

闭环控制

反馈控制是通过检测控制对象的实际控制量来实现的。具有闭合的信号传递环路的反馈控制称为闭环控制。

▶▶ **1. 闭环控制**

如图 8-11a 所示，机床的坐标用右手直角坐标系表示，Z 轴的正方向为刀具远离材料的方向。机床要在 X、Y 和 Z 三个方向上进行立体加工，必须在每个方向上都有进给能力。在机床工作台的控制中，进给的速度和进给量被作为控制量，这是一种典型的基于伺服的反馈控制。图 8-11b 所示的闭环控制是一种高精度反馈控制，它在工作台上安装了直动型检测器，并将实际控制量作为反馈信号。图 8-11c 所示为一种低成本的简易型闭环控制，在伺服电动机的输出轴上安装了一个转动型检测器，电动机的旋转量被用作反馈信号。可根据所需的控制精度、成本和其他因素选择合适的控制系统。

图 8-11 闭环控制

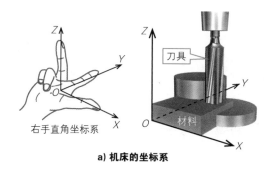

a) 机床的坐标系

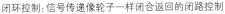

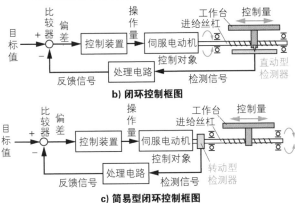

闭环控制:信号传递像轮子一样闭合返回的闭路控制

b) 闭环控制框图

c) 简易型闭环控制框图

▶▶ 2. 位置检测器

图 8-12 所示为光电式、磁力式的直动型和转动型检测器的例子。转动型检测器的控制量是和旋转量成正比的，因此确保进给丝杠的精度是必要的。

图 8-12 位置检测器

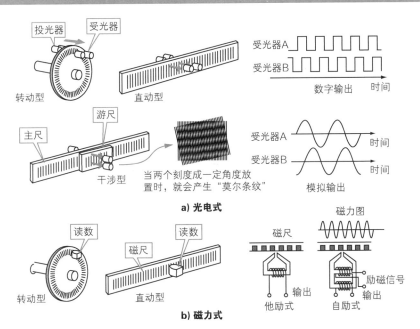

当两个刻度成一定角度放置时，就会产生"莫尔条纹"

a) 光电式

b) 磁力式

8.7

开环控制

开环控制指在给出指令值后依赖控制系统提供结果，并且不提供反馈的控制方式。数字控制设备的组合可确保较高的精度。

▶▶ 1. 开环控制

如图 8-13 所示，开环控制是一种只给出指令值而不接受反馈的控制方法。由数字信号处理的脉冲功率驱动的步进电动机（见图 8-13b）和滚珠丝杠（见图 8-13c）组合而成的机构可以忽略反向间隙，被广泛应用于许多领域。步进电动机也称为脉冲电动机，这一名称源于其步进式运动。当带间隙的进给螺杆（见图 8-13c）反转时，螺杆会由于存在一定的间隙而空转，从而产生误差。

图 8-13　开环控制

- 步进电动机产生与给定脉冲数成比例的旋转量
- 滚珠丝杠的平移量和外螺纹的旋转量成正比
- 开环控制是仅通过指令值来满足控制量的控制

a) 开环控制

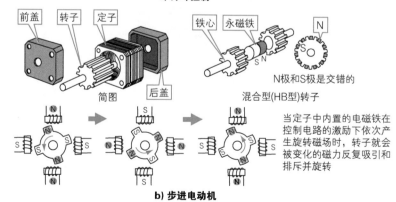

N极和S极是交错的

混合型(HB型)转子

当定子中内置的电磁铁在控制电路的激励下依次产生旋转磁场时，转子就会被变化的磁力反复吸引和排斥并旋转

b) 步进电动机

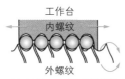

工作台
内螺纹
外螺纹

滚珠丝杠可以精确地转换转动和平移运动，因为其反向间隙可以忽略不计

内螺纹(工作台)
外螺纹(进给螺杆)

反向间隙

内螺纹(工作台)
外螺纹(进给螺杆)

对于普通进给螺杆，当螺杆反转时，它在与内螺纹接触之前会存在少量的空转

c) 滚珠丝杠的效果

▶▶ **2. 身边的开环控制**

在图 8-14 所示的喷墨打印机/扫描仪中，当更换墨盒和放置扫描文件时，可以看到步进电动机和同步带机构。这些控制系统虽然是完全开环的，但在可视范围内，打印和扫描都很干净准确，没有偏差。

图 8-14　身边开环控制的例子

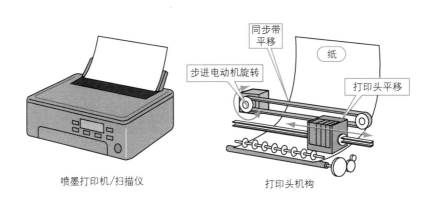

同步带平移

步进电动机旋转

纸

打印头平移

喷墨打印机/扫描仪

打印头机构

第8章 机械和控制

8.8

传感器

虽然有些设备的控制方式为纯机械控制，但大部分设备的控制都是通过电子电路实现的。传感器是一种可将控制量作为电信号提供给控制电路的检测器。

图 8-15 所示为一些基本的传感器的例子，它们可以用于检测是否有物体存在、力、热量、流量、压力或位移等，并将检测结果输出为电信号。

1）限位开关：通过与物体接触而切换触点输出来检测物体。

2）舌簧开关：当磁铁接近时切换触点的开关。

3）磁致伸缩转矩传感器：利从主动轴和从动轴的电磁感应差异测定转动量，检测转矩。

4）热电偶温度计：这是一种利用泽贝克效应的温度测量方法，即连接成回路的两种不同金属的接点处于不同温度时会产生热电动势。

5）双金属开关：将线膨胀率不同的两种金属贴合在一起，利用温度变化引起的挠曲变形进行开关操作和仪表显示。

6）皮托管流量计：根据流体的总压和静压的差，即动压来检测流量。

7）卡门涡街流量计：根据旋涡发生器下游形成的旋涡数量来检测流体的流量。

8）应变片压力计：通过处理电桥电路中电阻丝变形引起的电阻值变化来检测压力。

9）压电元件压力计：根据承受压力的压电元件的电动势变化检测流体的压力。

10）差动变压器：根据铁心的移动引起的两个变压器输出的差来检测位移。

图 8-15 传感器的例子

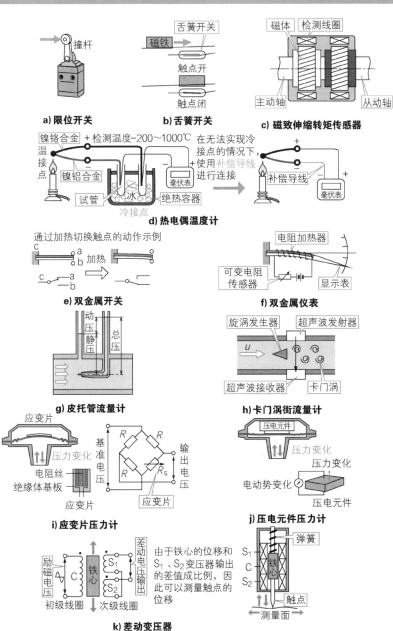

a) 限位开关

b) 舌簧开关

c) 磁致伸缩转矩传感器

d) 热电偶温度计

e) 双金属开关

f) 双金属仪表

g) 皮托管流量计

h) 卡门涡街流量计

i) 应变片压力计

j) 压电元件压力计

k) 差动变压器

8.9

控制回路

　　控制所需的全部电路即为控制回路。考虑控制电路不仅要与硬件，还要与软件相协调。

　　图 8-16a 所示为单轴工作台的反馈控制模型，信号处理为数字信号。目标值是由加工程序给出的数字信号值，并通过比较器与数字反馈信号进行比较，以确定偏差。对作为控制对象的交流伺服电动机的操作量为功率的模拟信号值。传感器的输出为工作台的位移和方向的两相数字输出，工作台的运动方向由方向判别电路处理，并作为反馈信号返回比较器的升降计数器。

　　图 8-16b 所示的传感器需要相位不同的两相信号来检测运动方向。为便于说明，图 8-16c 所示的方向判别回路以硬件形式显示，但可与图 8-16d 中的比较器（即升降计数器）一起以编程方式执行。

　　升降计数器回路的功能是设置目标值数据，如果有加法输入，则进行加法运算，如果有减法输入，则进行减法运算。图 8-16a 中的反馈信号是负反馈输入的，它的工作原理是当方向判别电路的输出为"Up"时执行减法，而当输出为"Down"时执行加法。

　　如果目标值为+5 个脉冲，而"Up"输入为 3 个脉冲时，则输出的偏差为+2 个脉冲，控制对象移动 +2 个脉冲的量。如果此时超出目标值，"Up"输入会返回 4 个脉冲，则偏差输出为+2-4 = -2 个脉冲，控制对象返回 2 个脉冲的量。当返回动作发生时，方向判别电路输出一个"Down"信号，并进行反馈控制。

　　图 8-16e 所示的控制单元需要安装在装置出口处，以提供电动机所需的功率，称为电力电子设备的功率硬件。不仅是机床，所有现代机械都需要软件回路和电力电子设备的协调。

如果进行了数字信号处理，而最终控制对象是模拟设备的交流伺服电动机，则必须将数字偏差转换为功率的模拟信号值，以便以交流功率的模拟信号值提供操作量。用数模转换器可将数字信号偏差输入转换成模拟功率操作量输出。

图 8-16　反馈控制电路的动作

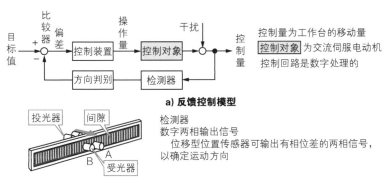

a) 反馈控制模型

投光器　间隙

检测器
数字两相输出信号
　位移型位置传感器可输出有相位差的两相信号，以确定运动方向

B　受光器

b) 数字两相输出传感器

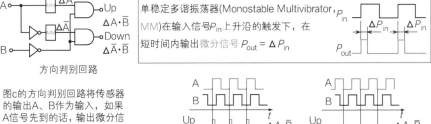

方向判别回路

单稳定多谐振荡器(Monostable Multivibrator, MM)在输入信号 P_{in} 上升沿的触发下，在短时间内输出微分信号 $P_{out} = \Delta P_{in}$

图c的方向判别回路将传感器的输出A、B作为输入，如果A信号先到的话，输出微分信号 Up，B信号先到的话输出 Down

c) 方向判别回路和输入输出信号

比较器

目标值设定　　　偏差输出

−(−Down)
=+Down　　−Up

反馈信号(方向判别回路输出)

d) 比较器(升降计数器)的动作

数字偏差　　　模拟功率

数模转换

e) 控制装置的动作

第8章 机械和控制

8.10

机床的位置控制

机床的控制项目包括位置、速度、主轴转速、刀具更换和切削液等。位置控制是反馈控制的主要目标。

▶▶ 1. 机床的进给轴控制

如图 8-17 所示，机床的进给轴控制分为以点决定位置的位置控制（见图 8-17a）和遵循形状的轮廓控制（见图 8-17b）。轮廓控制的关键在于插值控制。如图 8-17c、d 所示，不同机床的控制轴数、可同时控制的轴数以及坐标系的设置方式各不相同。

图 8-17 机床的进给轴控制

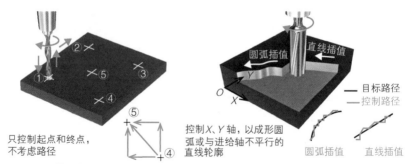

只控制起点和终点，不考虑路径

a) 位置控制

控制 *X*、*Y* 轴，以成形圆弧或与进给轴不平行的直线轮廓

b) 两轴轮廓控制

2.5轴   *X*、*Y* 轴两轴联动+*Z* 轴

3轴   *X*、*Y*、*Z* 三轴联动

5轴   *X*、*Y*、*Z* 三轴联动+两个旋转轴

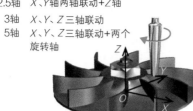

c) 多轴轮廓控制

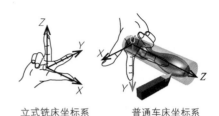

立式铣床坐标系   普通车床坐标系

d) 右手直角坐标系

▶▶ 2. 实际的控制量

如今，许多机床都支持计算机数字控制（Computer Numerical Control，CNC），数字控制已成为主流。图 8-18 展示了产品图样与实际控制量之间的差异。工件应在工件坐标系中进行考虑，如图 8-18a、b 所示。不同机床采用不同的插补控制方法，如图 8-18c 所示。加工过程使用的刀具尺寸不同，加工路径与产品轮廓因此也不相同，如图 8-18d 所示。刀具停止的位置不同，产生的控制路径也不同，如图 8-18e 所示。

图 8-18　实际的控制量

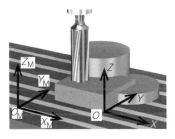

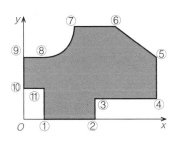

· 机床坐标系$X_M Y_M Z_M$：为机床设定的坐标系

· 工件坐标系：为工件设定的坐标系

· 绝对坐标：以原点O为基准，用坐标值表示各点

· 相对坐标：加工顺序O ➡ ①、① ➡ ② …… 用dx、dy表示

a) 原点修正

b) 工件坐标系的绝对坐标和相对坐标

根据硬件或软件的不同，插补路径各不相同

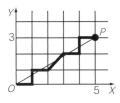

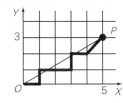

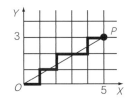

c) 从原点到P(5,3)的直线插补的例子

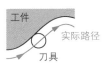

通过刀具的直径、刀具相对于工件的位置来修正控制路径

控制路径根据刀具停止位置的不同而不同

d) 刀具直径的修正

e) 刀具停止位置

第8章 机械和控制

8.11

气压控制

生产系统不仅需要加工几何形状,还需要进行搬运和操作等。气压控制是执行这些作业的安全方法。

▶▶ 1. 气缸和阀

图 8-19a、b 所示为通过气压控制执行机构的气缸,图 8-19c 所示为控制气缸的阀,图 8-19d 所示为设备的基本动作。

图 8-19 气缸和阀

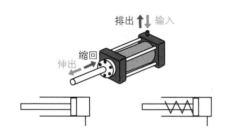

a) 单作用缸和弹簧复位型单作用缸

b) 双作用缸

c) 单动弹簧复位型电磁阀

当电磁铁未通电时
输入阀口 ➡ 输出阀口1
排气阀口2 ⬅ 输出阀口2

当电磁铁通电时
输入阀口 ➡ 输出阀口2
排气阀口1 ⬅ 输出阀口1

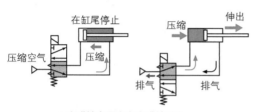

d) 电磁铁未通电和电磁铁通电

气缸基本上是端点动作。活塞运动到气缸的缸头或缸尾并停止,除非负载等造成在中间位置停止

▶▶ 2. 气缸控制的例子

图 8-20 所示为两个气缸组合控制的例子，其中气缸的控制是以顺序控制为基础的端点控制。通常，端点的检测使用 8.8 节中介绍的限位开关和舌簧开关。图 8-20a、b 中表示气缸运动的图称为时间图，在该图中，向右上升的直线表示伸出，水平直线表示停止，向右下降的直线表示缩回。把 8-19c 所示的单动弹簧复位型电磁阀连接在气缸上，只要在各个气缸的活塞杆伸出和停止伸出之间给电磁铁通电，就可以实现活塞杆动作的改变。实现以上顺序电路的方法包括布线电路、电路板电路、半导体电路、计算机程序和顺序控制器等。

图 8-20 气缸控制的例子

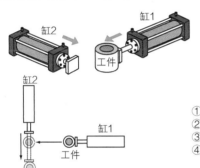

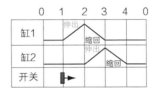

① 按下开关，缸1将工件推出
② 缸1活塞到达缸头后返回，同时缸2活塞杆伸出
③ 缸2活塞杆推出产品后马上缩回
④ 缸2活塞返回缸尾，一个循环结束

a) 工件的推出

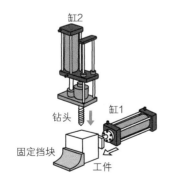

① 按下开关，缸1将工件固定
② 缸1继续固定产品，缸2使旋转的钻头下降
③ 缸2在钻孔加工结束后立即返回
④ 缸2活塞返回缸尾，缸1释放产品
⑤ 缸1活塞返回缸尾，一个循环结束

b) 钻孔

▶▶ ### 3. 气缸的速度控制

气缸的速度是通过控制进出气缸的空气流量来进行控制的。流量的控制有进口节流（见图 8-21a）和出口节流（见图 8-21b）两种方法。进口节流由于压缩空气在气缸内的扩散会造成压力衰减和振动问题。通常，如图 8-21c 所示，将单向阀和节流阀组合在一起构成调速阀，并连接在气缸的两端，如图 8-21d 所示，可发挥双向出口节流的作用。

图 8-21　气缸的速度控制

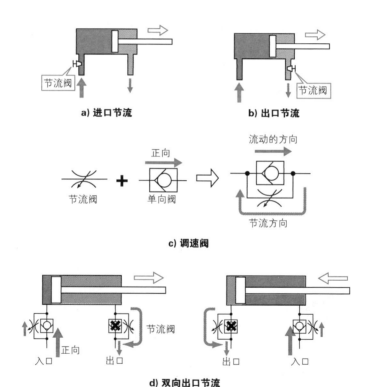

a) 进口节流　　　b) 出口节流

c) 调速阀

d) 双向出口节流

第 **9** 章

流体和机械

　　水等液体和空气等气体被称为流体，而研究流体特性及流体能量的学科被称为"流动学"或"流体力学"。从水车、风车和泵等处理流体的"流体机械"，到飞机、轮船、高尔夫球的飞行轨迹或棒球的变化球，只要有空气和水等流体的地方，总能找到与流体有关的实际例子。

9.1

流体的性质

水和空气是我们熟悉的两种流体，它们的性质既有相似又有截然不同之处。下面我们就来了解一下这两种流体的性质。

所有流体都有一个共同点，即它们是具有流动性的"流动体"。在某些情况下，甚至人流和车流也可被视为连续流体。图 9-1 所示为我们熟悉的可压缩性、黏度和体积膨胀的例子。

图 9-1　流体的性质

a) 具有流动性的物体就是流体

气体很容易压缩

b) 气体是可压缩的流体

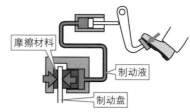

液体几乎不能压缩

c) 液体是不可压缩的流体

液体的黏度高

空调的导风板利用空气的黏性来增强空调效果

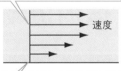

在远离墙壁的地方，黏滞效应可以忽略不计

速度

与墙壁接触的点的速度为零

d) 液体黏度高，气体黏度低

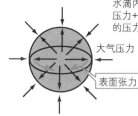

水滴内部的压力为大气压力+表面张力所产生的压力

大气压力

表面张力

很难在空气中看到一个理想的球体

从水龙头滴下的直径为2mm的水滴

e) 球形水滴的表面张力

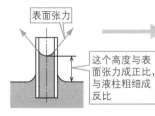

表面张力

这个高度与表面张力成正比，与液柱粗细成反比

吸管和水面之间的毛细现象

f) 毛细现象

空气　　空气

随着燃料的燃烧而膨胀

燃烧　　膨胀

产生转矩

内燃机的膨胀做功

g) 气体的体积会随着温度的变化而发生明显的变化

水　　水

h) 液体在温度变化时体积变化很小

第9章 流体和机械

237

9.2

流体的流动性和压力

　　流体之所以是流体，是因为它是流动的物体，而如果试图流动的流体受到限制，就会产生压力。下面我们来看看流动性和压力之间的关系。

　　如图 9-2a 所示：①如果在泵出口打开的情况下按压泵，泵内的流体就会向外流；②如果在泵出口关闭的情况下按压泵，手会感受到流体的反推压力。压力是通过抑制流体流动而产生的。流体具有流动性，可以根据容器的形状任意变化，同时也可以像齿轮和传动链一样传递力。如图 9-2b 所示，压力始终垂直于与流体接触的表面、容器内所有点的压强大小相等，以及压强在任意一点的所有方向上大小相等，因此只要有管路，流体就能不受距离或位置的限制传递压力。大气压力是由我们周围大气的重力所产生的。如图 9-2c 所示，基于周围大气的压力，泵等产生的压力称为表压力，而表压力加上大气压力称为绝对压力。图 9-2d 所示螺旋输送机是利用螺旋运动的一个例子，第 9.1 节指出，具有流动性的小物体在工业上可以像流体一样进行处理。

图 9-2　流体的压力

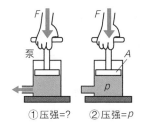

① 如果泵的出口是打开的，流体就会向外流动，泵内不会产生明显的压力

② 如果泵的出口是关闭的，则会在泵内产生压力

力 F (N)
面积 A (m²)
压强 p (Pa)

$$p = \frac{F}{A}$$

a) 流量受到控制时就会产生压力

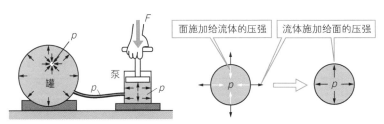

b) 流动性和压力

泵和轮胎产生的压力是基于周围大气的压力，
称为表压力。周围大气压力加上表压力的压力
称为绝对压力

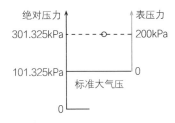

c) 绝对压力和表压力

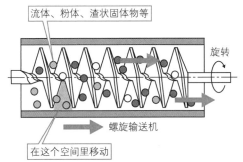

螺旋输送机
在固定的管内旋转具
有螺旋面的轴，使进
入螺旋面间的流动物
移动

d) 液体和气体之外还可以看作流体的物体

　　利用流体的流动性，通过管路远距离连接泵和罐，将流体密封起来，当泵被按压下时就会产生压力。在这种情况下，作用在泵、罐和管路上的压强始终垂直于与流体接触的表面，容器内所有点的压强大小相等，以及压强在任意一点的所有方向上大小相等。容器中流体的压强是流体与容器表面之间的作用与反作用力，一般将流体对表面施加的压强描绘在容器内。

9.3

帕斯卡原理

如果密封装置（如自行车轮胎和打气筒）中任意一点的压强发生变化，流体中所有点的压强都会发生相同程度的变化。

▶▶ 1. 静止流体的压强

如图 9-3 所示：静止流体中任意一点受到的各个方向上的压强相等（①）；考虑放置在流体中的小三棱柱的截面（②）时，作用于各面的总压力是不同的，和截面各边长度（即各面面积）成正比（③）；因为作用于一点的三个总压力是平衡的，所以小三棱柱是静止的（④）。

图 9-3 静止流体的压强

①考虑作用于流体中任意一点的压强

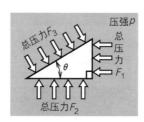

②为了便于理解，我们把小三棱柱截面的长度比设定为3:4:5

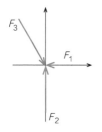

③由于压强 p 是一定的，所以总压力 F_1、F_2、F_3 的大小之比也为3:4:5

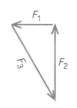

④从 F_1、F_2、F_3 的大小来看，因为力的三角形是闭合的，所以小三棱柱是静止的

▶▶ 2. 帕斯卡原理

如图 9-4a 所示，密闭容器中静止流体任意点的压强都相等，与容器的形状无关，当某一点的压强发生变化时会传递到容器中流体的所有点，如图 9-4b 所示。

帕斯卡原理：密闭容器中任意一点的压强相等，某一点的压强变化会传递到容器中的所有点。

图 9-4　帕斯卡原理

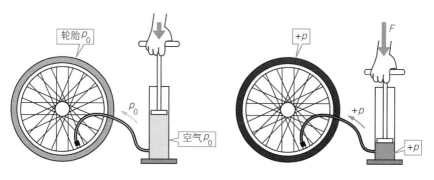

a) 任意一点的压强相等　　　　　　　　b) 压强的变化会传递到所有的点

▶▶ 3. 帕斯卡原理的应用：增力装置

图 9-5a 所示是应用帕斯卡原理的增力装置，它可以使力增加，但移动量会减小，做的功保持不变。如图 9-5b 和 c 所示，在实际的机械中，增力装置的输入侧缸体直径较小，活塞移动量较大，而输出侧缸体直径较大，活塞移动量较小。

图 9-5 帕斯卡原理的应用：增力装置

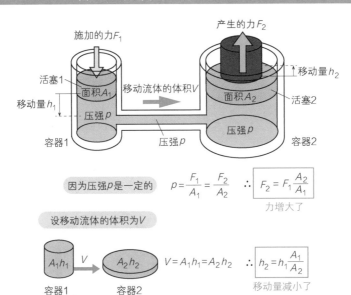

因为压强 p 是一定的

$$p = \frac{F_1}{A_1} = \frac{F_2}{A_2} \quad \therefore \boxed{F_2 = F_1 \frac{A_2}{A_1}}$$

力增大了

设移动流体的体积为 V

$$V = A_1 h_1 = A_2 h_2 \quad \therefore \boxed{h_2 = h_1 \frac{A_1}{A_2}}$$

移动量减小了

a) 增力装置

小直径缸体活塞的移动量大

b) 摩托车制动器的小直径缸体

大直径缸体活塞的移动量小

c) 摩托车制动器的大直径缸体

▶▶ 4. 制动器的散热和气阻

当您驾车行驶在长陡下坡路段时，可能会发现有"避险车道"的标志和一条凹凸不平、铺有碎石的车道。这是供车辆在行驶过程中遇到制动失控情况时使车辆停下来的设施。

盘式制动装置如图 9-6a 所示，制动盘和制动片摩擦产生制动效果，同时也会产生摩擦热，通过制动盘、轮毂和轮胎进行散热。但如果制动系统在下长坡时因过度制动而过热，如图 9-6b 所示，会导致支承制动片的制动钳发热，挤压制动片的液压缸中的制动液温度升高，在液压缸和管路中产生气泡，液压缸的压力会使气泡收缩，从而降低施加在制动片上的压力，使其无法达到制动效果，这就是所谓的气阻。制动液的沸点高于 200℃，但制动液具有吸湿性，当制动液中含有水时，沸点会降至 150℃左右，这就是制动液需要定期更换的原因。

图 9-6 制动器的散热和气阻

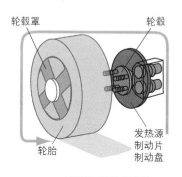

a) 制动器的散热路径

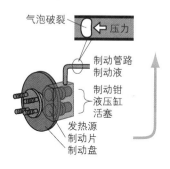

b) 气阻

9.4

大气压力和水压

即使不使用水泵或其他装置，空气和水也会在自然中产生压力。想想流体的压力。

▶▶ 1. 压力垂直于表面

如图 9-7b 所示，斜向力会产生使物体移动的力。如图 9-7a 所示，要使物体静止，只有垂直于表面的力才能起作用。所有方向的压力相等被称为各向同性。

图 9-7　压力垂直于表面

垂直力(产生压力)

a) 垂直力产生压力

平行力(移动力)

b) 斜向力产生移动力

▶▶ 2. 托里拆利真空和压力的取法

如图 9-8a 所示，试管中的汞下降到一定高度后，其重量和大气压力达到平衡，在试管上方形成一个真空空间，这就是托里拆利真空。我们将汞柱垂直高度为 760mm 时的大气压力作为标准大气压力，用汞的化学符号表示为 760mmHg。在工程领域的 SI 单位中，标准大气压力为 101.325kPa，而在气象领域则为 1013.250hPa。在工程领域中，压力有两种类型：绝对压力和表压力，前者将绝对真空作为基准，后者将测量地点的大气压力作为基准，如图 9-8b 所示。绝对真空是一种理论上的概念，实际上并不存在，轮胎压力和其他实际可测量的压力都是表压力，测量的是与大气压力的差值。理解正压、负压和真空等术语的含义非常重要。

图 9-8 托里拆利真空和压力的取法

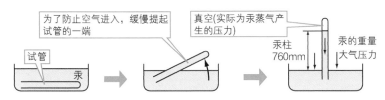

a) 托里拆利真空

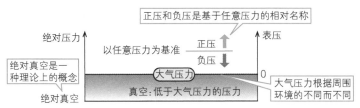

b) 压力的取法

▶▶ 3. 大气压力和水压

如图 9-9 所示，大气压力是"所处位置上方单位面积上的空气重量"，水压是"所处位置到水面之间单位面积上的水的重量"。

图 9-9 大气压力和水压

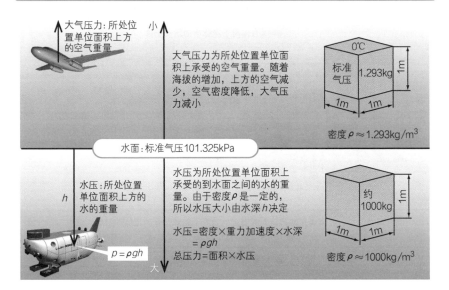

9.5
阿基米德原理

浮力作用于流体中的所有物体，不仅作用于浮在水面的木块和船只等，也作用于沉在水中的石头。

▶▶ 1. 阿基米德原理

如图 9-10a 所示，浮力对流体中的不管是漂浮的还是沉下去的所有物体都有作用。可以思考一下图 9-10b 所示的放在流体中的圆柱体的受力。由结果可知，流体中的物体不管位置如何，总会受到垂直向上的浮力作用，浮力大小与物体排开流体的重量相等，这就是阿基米德原理，即流体中的物体会变轻，变轻的重量和物体排开流体的重量相等。

图 9-10 阿基米德原理

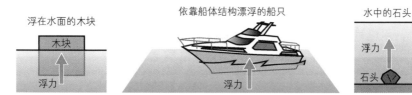

浮在水面的木块   依靠船体结构漂浮的船只   水中的石头

木块   浮力   浮力   石头

a) 浮力作用于流体中的所有物体

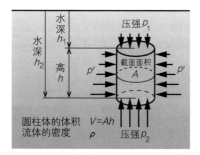

将横截面面积为 A、高为 h 的圆柱体的轴线与铅垂线对齐，置于密度为 ρ 的水中

水平方向的压强 p'，在任何位置都是平衡的，互相抵消

p_2 比 p_1 高出高度为 h 的压强，设压强差为 p

$p = p_2 - p_1 = \rho g h$

因为 p 作用于截面面积 A，所以总压力 F 是向上的

$F = Ap = A\rho g h$

在这里，因为 Ah 是圆柱体的体积 V，所以

$F = A\rho g h = \rho g V$ 圆柱体排开水的重量

水深 h_1 压强 p_1 水深 h_2 截面面积 A 高 h p' p'

圆柱体的体积 $V = Ah$
流体的密度 ρ 压强 p_2

> 无论位置如何，作用在流体中的物体上的向上的力等于物体排开的流体的重量，这种力称为浮力

b) 阿基米德原理(浮力的概念)

2. 浮体的浮力

图 9-11a 所示为水中的物体是如何通过向上的浮力和向下的重量之间的平衡而上浮或下沉的。图 9-11b 所示为物体在浮力>重量的情况下是如何上浮的：①当整个物体都处在水中时，浮力是恒定的；②当物体的一部分露出水面时，因为物体在水中的体积减小了，浮力也减小，但只要浮力>重量，物体就会继续上浮；③当浮力=重量时，物体会稳定地浮在水面上。③之前是浮力>重量的状态。图 9-11c 所示为图 9-11b 中③的细节，此时物体稳定地浮在水面上，点 G 是物体的重心，在重量 W 的作用线上。点 C 是物体产生浮力的水下部分的重心，叫作浮心，在浮力的作用线上。当物体在水面上保持稳定时，浮力和重量的大小是相等的，浮心和重心也在共同的作用线上。因为 W 和 F 在同一作用线上有重叠部分，所以图中把两个力错开了。

图 9-11　浮体的浮力

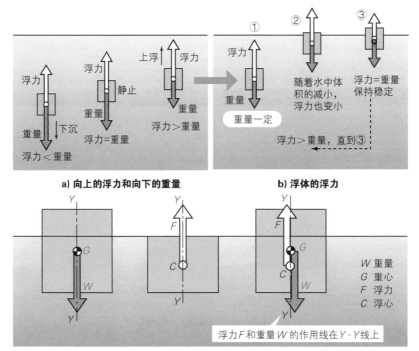

a) 向上的浮力和向下的重量

b) 浮体的浮力

c) 水面的受力平衡

浮力和复原力

物体的密度和水或者空气的密度的比值称为比重。如果物体的比重小于1，则会上浮；如果物体的比重大于1，则会下沉。

▶▶ **1. 比重和浮力**

如图9-12a所示，物体在水中的沉浮是由其与水的比重决定的，当物体与水的比重为0.7时，物体70%的部分会沉入水中，如果冰的比重为0.9，那么只有10%的"冰山一角"可见，90%不可见。在图9-12b所示的飞艇中，氦气相对于空气的比重很小，约为0.14，因此飞艇可通过前、后空气房中的空气量来调整浮力飞行。热气球的例子是从质量方面进行考虑的。

图9-12c所示为一个潜艇模型，其浮力由潜艇内的压载舱和潜艇前后的平衡舱控制。浮出水面的潜艇的所有水舱都充满了空气，当把压载舱和前平衡舱中的空气转移到压缩舱中并注入海水时，艇首就会下沉，潜艇开始下潜。

图 9-12　比重和浮力

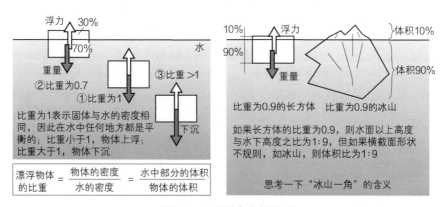

a) 固体的比重和物体在水中的沉浮

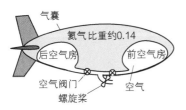

飞艇通过对前、后空气房的容积和氦气的容积来调整重心和浮力

$$气体的比重 = \frac{气体的密度}{空气的密度}$$

浮力 > 重量，上浮

估算热气球可以搭乘或搭载的质量

热气球容积 $V = 2000\,\text{m}^3$
整套热气球的质量为 300kg
20℃ 的空气的密度 $\rho_{20} = 1.205\,\text{kg/m}^3$
100℃ 的空气的密度 $\rho_{100} = 0.946\,\text{kg/m}^3$
以热气球为分析对象，如果从质量的角度考虑
浮力 $F = \rho_{20}V$、热气球的质量 $M = \rho_{100}V$
可以上浮的质量

$$m = F - M = (\rho_{20} - \rho_{100})V$$
$$= (1.205 - 0.946) \times 2000 = 518$$

可以搭乘或搭载的质量为 518 − 300 = 218kg

b) 气体的比重和飞艇、热气球

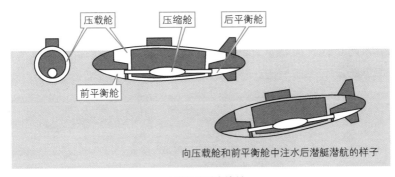

向压载舱和前平衡舱中注水后潜艇潜航的样子

c) 潜艇的浮力控制

▶▶ 2. 定倾中心和复原力

图 9-13a 所示为一艘漂浮在水面上的船。在直立状态①下，当重力 W 和浮力 F 的大小相等，重心 G 和浮心 C 位于一条垂直线上时，W 和 F 两力相互抵消，船是稳定的。当船像②那样轻微倾斜时，由于船的水下部分形状发生变化，船的重心也随之改变位置，浮心移动到船的水下部分重心的位置。船舶中心线与浮力作用线的交点 M 称为定倾中心，是船舶的倾斜中心点。当定倾中心高于重心时（见③），就会产生一个力偶臂为浮力和重力作用线之间偏移量的力偶矩，它的作用方向是使船舶稳定的方向，这就是复原力矩。

图 9-13b 所示为空载油轮和矿石运输船等大型货船的平衡调整。当船空载时，由于船体重量轻，吃水较浅，重心也较高，当船体轻微倾斜时（见②），定倾中心可能低于重心，这样就存在力偶矩使倾斜加大的危险。此外，由于大型货船的螺旋桨较大，吃水较浅可能会导致螺旋桨露出水面，从而无法提供推进力。为了解决这些问题，在船体内设置了压载舱（见③），当船轻载时，向压载舱内注水以加深吃水深度，调整定倾中心以产生复原力，调整船舶的平衡。

顺便说一下，砾石和其他材料有时也被用作压舱物。

此外，压舱水还存在严重的全球环境问题。压舱水在不同港口的加注和排放会导致水生生物在不同国家之间的转移，有可能造成全球生态紊乱。为防止这一问题，目前除少数船舶外，所有船舶都必须安装压舱水处理系统。

图 9-13　定倾中心和复原力

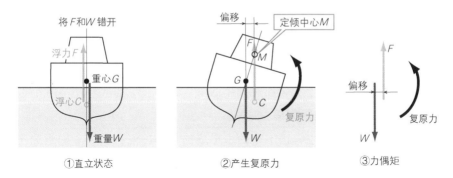

①直立状态　　②产生复原力　　③力偶矩

a) 依靠复原力获得稳定的船体

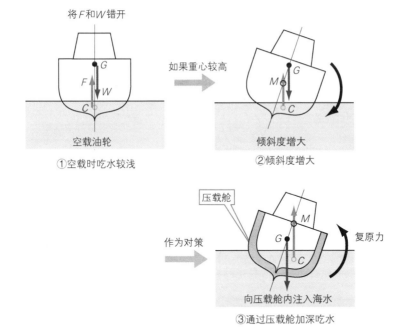

①空载时吃水较浅　　②倾斜度增大

③通过压载舱加深吃水

b) 油轮等的平衡调整

9.7

旋涡及其应用

如果你观察浴缸的排水或勺子搅拌产生的旋涡，你会发现它们的流向总是一样的。思考一下旋涡的规律性。

▶▶ 1. 自由旋涡和强制旋涡

图 9-14a 所示为由自由下落的水形成的自由旋涡，其中心附近的压力低于外侧。图 9-14b 所示为整个水面以相同角速度旋转产生的强制旋涡，中心是空心的。如图 9-14c 所示，对于质点 1、2 和 3，因为水平力和垂直力是平衡的，所以凹面是稳定的。

图 9-14　自由旋涡和强制旋涡

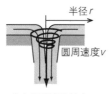

中心的速度比较大

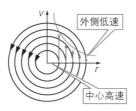

a)排水口的自由旋涡

由自由下落的水的能量产生的旋涡被称为自由旋涡，由于圆周速度与半径成反比，因此圆周速度呈双曲线分布

$$v = \frac{C}{r}$$

v：圆周速度
r：半径
C：常数

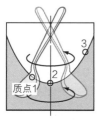

整个水面的角速度相同

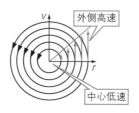

b) 用勺子形成的强制旋涡

以相同角速度旋转整体形成的旋涡称为强制旋涡，其圆周速度与半径呈线性分布

$$v = rC$$
$$v = r\omega$$

v：圆周速度
r：半径
C：常数
ω：角速度

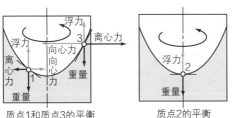

- 在所有任意质点上，重量和浮力都是平衡的
- 在给定的任意质点上，径向离心力和向心力都是平衡的
- 质点2不会产生离心力，因为其旋转半径为零
- 在任意点上，离心力和向心力、重量和浮力相互抵消，因此水面是稳定的

质点1和质点3的平衡   质点2的平衡

c) 关于旋涡凹面的稳定性

▶▶ **2. 兰金组合旋涡**

如图 9-15a 所示，由自由旋涡和强制旋涡组成的旋涡称为兰金组合旋涡。图 9-15b 所示为台风模型。图 9-15c 所示的粉体分离器和旋风吸尘器中，流入的空气沿外筒形成自由旋涡，混合物与外筒内壁碰撞后落到容器底部。混合物被清除后的空气在自由旋涡内形成强制旋涡，并通过中心内筒排出。

图 9-15 兰金组合旋涡

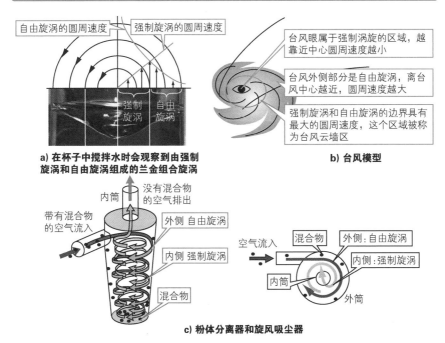

a) 在杯子中搅拌水时会观察到由强制旋涡和自由旋涡组成的兰金组合旋涡

b) 台风模型

c) 粉体分离器和旋风吸尘器

第9章 流体和机械

流体定理

在没有流入和流出的理想流体流路中，任何给定点的流量都是恒定的，流体所拥有的能量总和始终保持不变。

▶▶ 1. 连续性方程和伯努利定理

在图 9-16 所示的理想流体流动中，在流路的任意位置，根据横截面积和流速的乘积确定的体积流量都是恒定的，这就是图 9-16a 所示的连续性方程。流动流体所具有的能量是其所具有的速度动能、重力势能和压力势能的总和，并且能量总和是守恒的，这就是图 9-16b 所示的伯努利定理。液体的能量可以换算为用流体的高度来表示，称为水头。我们可以体验到，如图 9-17 所示，当软管出口受到挤压时，水流速度会增加，根据连续性方程，横截面积减小，速度就会增大。

图 9-16　连续性方程和伯努利定理

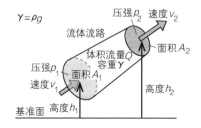

$\gamma = \rho g$

流体流路

压强 p_2　速度 v_2

面积 A_2

体积流量 Q
容重 γ

压强 p_1　面积 A_1

速度 v_1

高度 h_2

基准面　高度 h_1

流体的速度动能、压力势能和重力势能转换为以流体高度表示的水头

速度动能 ➡ 速度水头
压力势能 ➡ 压力水头
重力势能 ➡ 位置水头

a) 连续性方程

在没有流入和流出的流路的任意位置，流量是相等的

$$Q = Av \, \text{m}^3/\text{s} = \text{一定}$$

$Q(\text{m}^3/\text{s})$
$A(\text{m}^2)$
$v(\text{m/s})$

b) 伯努利定理

流体所拥有的能量总和是守恒的。能量总和称为总水头 $H(\text{m})$

$$H = \frac{v^2}{2g} + \frac{p}{\gamma} + h = \text{一定} \quad (1)$$

将上式等号两边同时乘以 γ

$$P = \frac{\gamma v^2}{2g} + p + \gamma h = \text{一定} \quad (2)$$

可以变为用压强表示

$v(\text{m/s})$
$p(\text{Pa})$
$\gamma(\text{N/m}^3)$
$\gamma = \rho g$
$\rho(\text{kg/m}^3)$
$h(\text{m})$

图 9-17 软管出口的速度

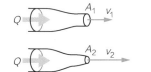

软管出口面积越
小，速度越快

$$v = \frac{Q}{A}$$

▶▶ 2. 伯努利效应

伯努利定理适用的条件是理想的流体、稳定的流动以及满足连续性方程，如图 9-18a 所示。这种理想条件在实践中是很难满足的，但在很多情况下，都可以观察到类似伯努利定理的现象：在速度快的地方压力低。严格来说，当很难用伯努利定理的应用来描述时，可以将伯努利效应这一表述用于技术解释。

图 9-18 伯努利效应

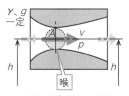

由连续性方程可知，由于喉部面积 A
较小，所以 v 较大。根据图9-16中的
伯努利方程(2)，h、γ和g是常数，因
此 p 减小

喉部流速高、压力低

a) 连续性方式和伯努利定理成立

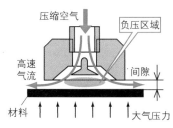

大气压力把材料推向负压区域，而高速
气流则将材料推开，从而在搬运过程中
形成间隙

b) 非接触式搬运器

第 9 章
流体和机械

车体前后的 $p \approx$ 大气压力、$v \approx$ 车速

大气压力

下压力

在车体后部扩大空气出口的扩散器

在这里，根据连续性方程，v 较大，根据伯努利定理，p 较小，产生负压，从而产生下压力，使车体的抓地力更强

车体的后部

用于引导气流的整流板

c) 汽车的扩散器

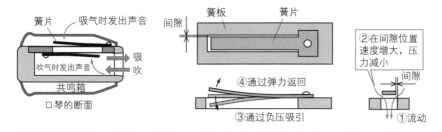

簧片　吸气时发出声音

吸

吹气时发出声音　吹

共鸣箱

口琴的断面

间隙　簧板　簧片

④通过弹力返回

③通过负压吸引

②在间隙位置速度增大，压力减小

间隙

①流动

当吹口琴时，①空气流过簧板和簧片之间的间隙 ➡ ②空气在间隙处的速度增大，压力减小 ➡ ③簧片被负压吸引 ➡ ④被吸住的簧片在弹力作用下返回 ➡ ①～④反复进行，簧片不断被吸引和返回，从而振动产生声音

d) 口琴簧片的伯努利效应

9.9
流体的黏性

实际流体具有黏性，会对流体中的物体产生各种影响。接下来我们考虑的就是这种由黏性引起的现象。

▶▶ 1. 黏性引起的现象

如图 9-19a 所示，在放置于均匀流动黏性流体中的物体的后方，会有规律地交替出现两排旋转方向不同的旋涡，称为卡门涡街。在图 9-19b 所示的附壁效应中，因为流线具有曲率，所以根据图 9-19c 所示的流线曲率定理，沿表面会产生一个低压区。

图 9-19 黏性引起的现象

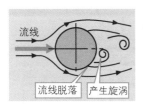

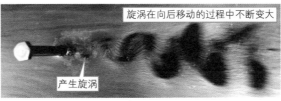

旋涡在向后移动的过程中不断变大

产生旋涡

a) 卡门涡街

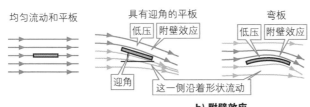

均匀流动和平板

具有迎角的平板

低压　附壁效应

迎角

弯板

低压　附壁效应

这一侧沿着形状流动

附壁效应

流体的流线沿几何体表面发生变化的现象，是由放置在流体中的物体凸面上的黏度造成的

b) 附壁效应

高压

低压

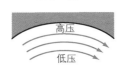

高压

低压

高压

低压

流线具有曲率的流体，其曲线中心侧的压力比曲线外侧的低，速度越高、曲率越大，压力差越大

c) 流线曲率定理

▶▶ 2. 身边的现象

　　图 9-20a 所示是风引起吊索振动的现象。图 9-20b 所示是一种工业设备，但也作为"无叶风扇"应用于家庭。图 9-20c 所示是现代空调中导风板的一个例子。图 9-20d 所示是马格努斯效应作用在曲线球上的一个例子，其中垂直于运动方向的力称为升力。

图 9-20　身边的现象

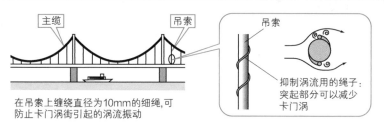

在吊索上缠绕直径为10mm的细绳，可防止卡门涡街引起的涡流振动

抑制涡流用的绳子：突起部分可以减少卡门涡

a) 防止大跨度桥梁涡流振动的措施

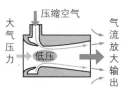

伯努利效应应用于产生低压，而附壁效应则用于输送大量空气

b) 气流放大器

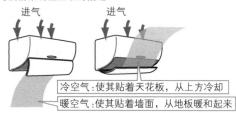

冷空气：使其贴着天花板，从上方冷却
暖空气：使其贴着墙面，从地板暖和起来

为了不让气流直接吹到人的身上，利用了导风板产生的附壁效应

c) 空调的附壁效应

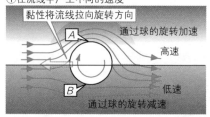

①在流线中产生不同的速度

黏性将流线拉向旋转方向
通过球的旋转加速
高速
通过球的旋转减速
低速

由于流体的黏性，小球的旋转会改变流体的速度：在 A 侧，小球的旋转会使流体加速；在 B 侧，小球的旋转会使流体减速

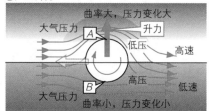

②产生升力

曲率大，压力变化大
大气压力
升力
低压
高速
高压
低速
大气压力
曲率小，压力变化小

根据流线曲率定理，曲线中心一侧的压力低于外侧。速度越高、曲率越大，压力差越大，因此，B 点的压力比 A 点大，产生的升力将球从 B 点推向 A 点

d) 马格努斯效应曲线球

9.10
升力

物体在流体中运动时，垂直于其运动方向的力为升力，飞机的升力取决于复杂的环境条件。

▶▶ 1. 作用于飞机的四种力

如图 9-21 所示，飞机在飞行过程中会受到四种力的作用。飞机之所以能飞行是因为有推力的作用，升力则是由推动飞机前进的推力产生的。飞机机翼具有独特的形状，机翼周围会产生各种流体现象。

图 9-21　作用于飞机的四种力和机翼周围的流动

在黏性流体中，涡流是不可避免的

▶▶ 2. 伯努利定理是不恰当的

"机翼上表面的速度比下表面高，压力比下表面低，从而根据伯努利定理产生升力"的解释现在被认为是不恰当的（见图 9-22）。伯努利定理（见图 9-16）如今已不常用，因为它涉及的是封闭通道中的理想流体，而不是流体中的物体，而且同时到达机翼后缘是产生速度差的基础，但在实际黏性流体中并不存在。

图 9-22　根据"伯努利定理"得出的升力，现在看来是不恰当的

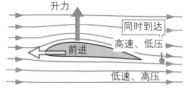

同时到达性
假设空气在机翼前缘分为上层空气和下层空气，并且同时到达机翼后缘，从而在上层空气和下层空气之间产生速度和压力差

▶▶ 3. 作用和反作用产生的升力

图 9-23a 中，在流动中放置一个倾角为 θ 的平板，流体在入口处以力 F_1 作用于平板表面，并被平板弯曲，以力 F_2 流出，则平板对流体产生了一个力 dF，使 F_1 变为 F_2。流体对 dF 产生一个反作用力 R，作为升力作用到平板上。图 9-23b 所示为 F1 赛车、风扇和直升机等引起的流体行为。

图 9-23　作用和反作用产生的应力

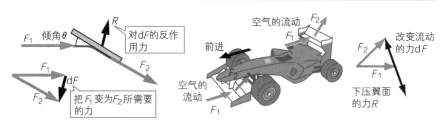

a) 作用和反作用产生的升力　　　　　　b) F1赛车的翼

▶▶ 4. 通过附壁效应和流线曲率定理产生的升力

根据流线曲率定理，对于充满空气的滑翔伞的薄翼，其上方远离伞翼的点接近大气压力，而靠近伞翼表面的区域则低于大气压力，其下方远离伞翼的点接近大气压力，而靠近伞翼表面的区域则高于大气压力，这就产生了推动伞翼向上的升力（见图 9-24）。由于附壁效应，伞翼凸起部分的流线是沿着伞翼表面流动的。

图 9-24　作用在滑翔伞薄翼上的升力

合成纤维制成的
伞翼通过充满空
气而产生升力

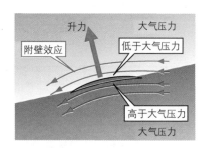

▶▶ 5. 环流产生的升力

在图 9-25 中,流体的黏性造成相对位移,因此在机翼表面产生了小旋涡。机翼上、下表面的面积不同使得上表面的旋涡数量较多,因此在机翼周围产生了顺时针的环流,从而使流线弯曲并产生升力(见图 9-20d 所示马格努斯效应)。旋涡具有成对出现、方向相反的特性,因此在机翼后缘的环流会形成成对旋涡,这就是著名的库塔-茹可夫斯基环流理论。

图 9-25 涡流应力

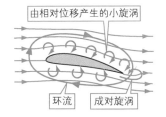

由相对位移产生的小旋涡

环流 成对旋涡

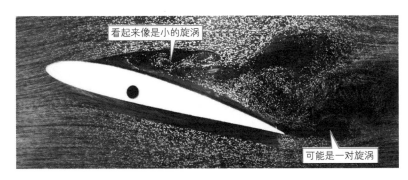

看起来像是小的旋涡

可能是一对旋涡

第9章 流体和机械

9. 11
流体和形状

流体的特性会对机械和设备的性能产生重大影响。思考一下积极抑制黏性影响和减小涡流影响的方法。

▶▶ 1. 涡流发生器

图 9-26 所示为涡流发生器的例子，它通过使空气中的物体具有一个凹凸不平的表面，从而在其表面周围形成小的旋涡，起到避免空气因其黏性而对物体产生黏着，减少振动和噪声的作用。

图 9-26　涡流发生器

凹痕　高尔夫球表面凹痕产生的小旋涡，可防止空气黏着

旋涡　球

接触线　扰流翼　接触线集电装置扰流翼的支柱上有粗糙的痕迹，可防止空气对支柱的黏着

a) 高尔夫球的凹痕　　**b) 新干线列车的集电装置支柱**

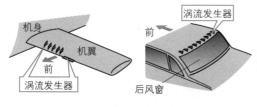

机身　机翼　涡流发生器

前

涡流发生器　前　后风窗

飞机机翼表面和汽车车顶后部的小突起，用于扰乱气流和防止空气黏着。在一些新款汽车中，可以在后视镜和车身侧面也看到有细小的突起，用作涡流发生器

c) 飞机　　**d) 汽车**

▶▶ 2. 涡流振动的对策

流体产生的旋涡会对物体造成振动和噪声。旋涡就像卡门涡街一样，成对地保持着平衡。图 9-27b 所示为应对卡门涡街的通孔。图 9-27c 所示为翼尖旋涡，是机翼振动的原因。飞机两端翼梢的纵向翼（称为小翼）可以减少涡流。

图 9-27 涡流振动的对策

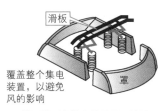

滑板

覆盖整个集电
装置，以避免
风的影响

罩

a) 新干线列车集电装置周围的罩

弓角的通孔

孔或者缝隙可防止产生旋涡

b) 新干线列车臂式集电装置的周围

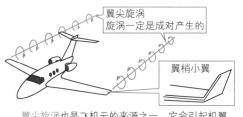

翼尖旋涡
旋涡一定是成对产生的

翼梢小翼

翼尖旋涡也是飞机云的来源之一，它会引起机翼
的振动。翼梢小翼可以减少翼尖旋涡

在下雨后或者雨天的比赛中，
尾翼后端产生的翼尖旋涡

c) 作为机翼振动对策的翼梢小翼

▶▶▶ 3. 波阻

　　船舶在航行时产生的波浪会导致船舶能量的损失。小型船舶船首的
形状像刀刃，可避免来自水面的阻力并抑制波浪的产生。

　　大型船舶安装有球鼻艏，通过将船体产生的波浪与球鼻艏产生的波
浪相互碰撞叠加来减弱波浪，从而减小波阻（见图9-28）。

图 9-28 减小波阻的对策

尖的船首

a) 小型游船的船首

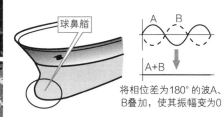

球鼻艏

将相位差为180°的波A、
B叠加，使其振幅变为0

b) 大型船只的球鼻艏

9.12

流体机械

流体机械可处理和转换流体能量。身边日常熟悉的例子包括真空吸尘器和电热水壶的水泵，日常生活见不到的例子包括水厂的水泵、发电厂的水轮机等。

▶▶▶ 1. 泵和水轮机

下面以处理水的流体机械为例进行介绍（见图 9-29）。水泵通过叶片等的旋转和活塞等的往复运动对水施加压力和速度，将机械功转换为水的能量。水轮机将水的压力和速度转换为输出轴的旋转运动，将水的能量转换为机械功。有一些旋转水泵和水轮机具有双重用途。泵主要用于液体，而针对气体的流体机械则根据压力分为真空泵、送风机、压缩机等。对于气体，相当于水轮机的设备称为涡轮机。

图 9-29　泵和水轮机

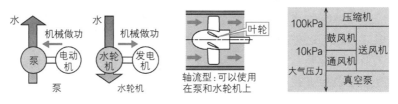

▶▶ 2. 泵

1）齿轮泵：是一种通过旋转的轮齿与泵体内壁之间工作容积的变化来持续泵送高压流体的容积泵，如图 9-30a 所示。长期以来一直用作加压油泵。

2）离心泵：将大量弯曲的叶片呈放射状安装在叶轮上并使其旋转，从叶轮中心吸入的流体在叶轮旋转产生的离心力的作用下获得压力和速度，并被输送出去。这种泵可以产生高压和大流量的流体，是最常用的泵。蜗室中带有导叶的泵称为涡轮泵或导叶泵，而没有导叶的泵，如图 9-30b 所示，被称为离心泵。

　　3）罗茨泵：是一种容积泵，通过两个茧形转子的旋转，将吸入泵体和转子间隙的流体泵送出去，如图 9-30c 所示。

图 9-30　泵

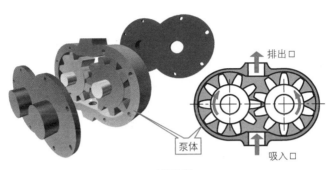

泵体

a) 齿轮泵

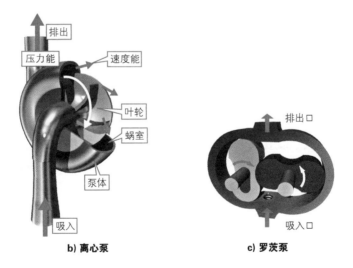

排出

压力能　　速度能

叶轮

蜗室

泵体

吸入

b) 离心泵

排出口

吸入口

c) 罗茨泵

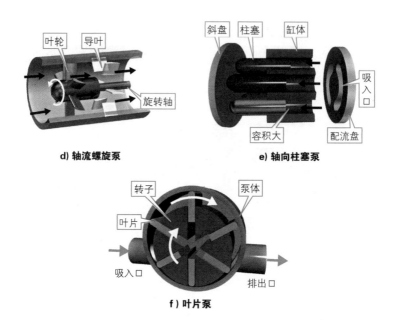

d) 轴流螺旋泵

e) 轴向柱塞泵

f) 叶片泵

4）轴流螺旋泵：沿叶轮旋转轴方向进入的流体在经过叶轮叶片表面时，会因产生的压力差而获得能量，并被推向叶轮后部，如图 6-30d 所示。虽然通过这种泵获得的流体的压力较低，但却能获得连续的流量。

5）轴向柱塞泵：柱塞安装在旋转的缸体中，并通过弹簧或类似装置压在斜盘上，如图 6-30e 所示。当缸体旋转时，柱塞与泵壁间形成的容积发生变化，随着该容积的增大或减小，流体从配流盘上的端口被吸入或排出。

6）叶片泵：在偏心转子上开槽，槽内安装叶片（隔板叶片），叶片通过弹簧压在泵体上，如图 6-30f 所示。当转子旋转时，通过泵体和叶片之间的容积变化实现流体的吸入和排出。

▶▶ 3. 水轮机

　　如前文所述，许多水轮机和泵具有相同的结构，可以在一台机器中实现流体能和机械能的相互转换。几种主要水轮机的原理如图 9-31 所示。

图 9-31　水轮机

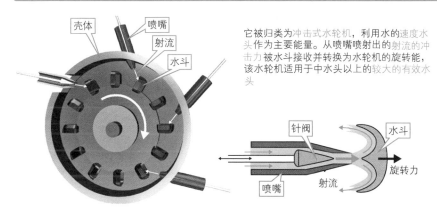

它被归类为冲击式水轮机，利用水的速度水头作为主要能量。从喷嘴喷射出的射流的冲击力被水斗接收并转换为水轮机的旋转能，该水轮机适用于中水头以上的较大的有效水头

壳体　喷嘴　射流　水斗

针阀　水斗　旋转力　喷嘴　射流

a) 水斗式水轮机

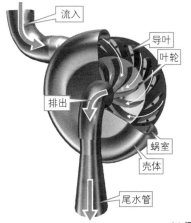

可用于几十米及以上的有效落差，是最常用的一种水轮机，利用的是水的速度水头和压力水头。从进水管流入蜗室的水被引入导叶，从而带动叶轮旋转，同时水的流速和压力也降低。叶轮通过叶片接收到的能量的反作用力旋转，因此被归类为反击式水轮机。因其结构与蜗轮泵(导叶泵)相同，因此无须改动即可用作水泵水轮机

流入　导叶　叶轮　排出　蜗室　壳体　尾水管

b) 混流式水轮机

第 9 章　流体和机械

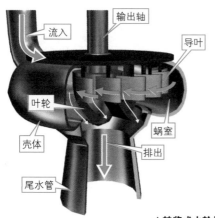

适合于数十米的低水头，被归类为利用速度水头和压力水头的反击式水轮机。和图9-30d所示轴流螺旋泵有相同的构造，既可用作水泵，也可用作水轮机

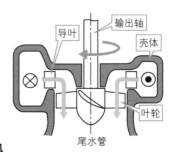

c) 转桨式水轮机

▶▶▶ 4. 尾水管

上述反击式水轮机的排出口有一个被称为尾水管的扩口管道。尾水管的进口①和出口②的水流运动情况（见图9-32）为：

①位置明显高于②，所以 $h_1 > h_2$。

①明显比②细，所以 $A_1 < A_2$。

由连续性方程可知 $v_1 > v_2$，由伯努利定理可知，①和②中的总压力 P 为常数，故 $p_1 < p_2$。

①中的压力 p_1 相对于②中的压力 p_2 为负值，①中的水被吸出到②中。

尾水管不是简单地把水排掉，而是能将通过叶轮的水吸出，故也被称为吸出管。

图 9-32 尾水管

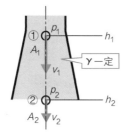

假设尾水管中充满了水
A： 截面面积
v： 速度
p： 压力
h： 高度
γ： 比重

连续性方程

$$Q = Av = 一定$$

伯努利定理

$$P = \frac{\gamma v^2}{2g} + p + \gamma h = 一定$$

第**10**章

热和机械

热能的特点是可以很容易地从许多其他类型的能量转化而来，但将热能转化为其他类型的能量却受到很多限制。本章将介绍热的特性，并探讨热力学领域的基本知识。

10. 1

热的特性

　　热是能量的一种形式，它可与外界进行功的交换。热的运动可以通过物体温度的变化来确定。在此，我们介绍热的特性。

▶▶ **1. 温度的单位制**

　　温度是热运动的度量，在国际单位制中使用开氏绝对温度，单位是 K，不加（°）。绝对零度，即所有运动都停止的温度是 0K，水的三相点为 273.15K。图 10-1 所示为温度的单位制。摄氏度则对温度进行了新的定义，水的熔点和沸点的确切数值也发生了变化。

图 10-1　温度的单位制

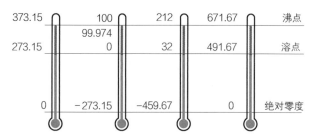

T：开氏度　　t：摄氏度(℃)　t_F：华氏度(°F)　T_R：兰氏度
绝对温度(K)　　　　　　　　　　　　　　　　　绝对温度(°R)

373.15	100	212	671.67	沸点
	99.974			
273.15	0	32	491.67	溶点
0	−273.15	−459.67	0	绝对零度

绝对温度K(开氏度)是以理论上热运动完全停止的绝对零度为基准的温度，也叫作热力学温度，单位中不加(°)

$$T = 273.15 + t \approx 273 + t$$
$$t_F = 1.8t + 32$$
$$T_R = 1.8T$$
$$T_R = t_F + 459.67$$

▶▶ 2. 热力学第零定律

如图 10-2a 所示，当两个温度不同的物体接触时，热量会从高温物体传递到低温物体，如果经过足够长的时间，热量传递最终会结束，物体的温度也会变得相同，这种状态称为热平衡。如图 10-2b 所示，如果将与大气温度不同的两种不同温度的物体放置在空气中，经过足够长的时间后，这两个物体的温度将与大气温度相同。如果没有直接接触的物体温度相同，则它们也处于热平衡状态，这就是所谓的热力学第零定律。

图 10-2　热力学第零定律

a) 热平衡：物体间无热量传递、无温差的状态

b) 热力学第零定律：即使不直接接触，如果温度相同也能达到热平衡

▶▶ 3. 热容

质量为 1kg 的物体温度升高 1K 所需的热量称为比热容。物体温度变化所需的热的总量称为热量（J），物体质量（kg）、比热容 [J/（kg·K）]、物体温差（K）和所需热量之间存在以下关系。

$$热量 = 质量 × 比热容 × 温差$$

这里，设温差为 1K，每单位温差变化所吸收或放出的热量称为热容。

$$质量 × 比热容 = 热容（J/K）$$

热容越大，温度越不容易变化，如图 10-3 所示。

由于开氏绝对温度和摄氏温度的 1 度的间隔是相等的，所以在仅考虑温差的情况下，无论是以 K 为单位还是以℃为单位都是一样的。

$$T_1 - T_2 = (273.15 + t_1) - (273.15 + t_2) \quad \therefore T_1 - T_2 = t_1 - t_2$$

因此，如果仅使用温差，则可以省略从℃到 K 的转换。

图 10-3　热容

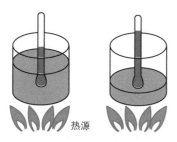

a) 对于同一种物质，质量越小，
温度上升得越快

b) 如果物质的种类和质量不同，热容
较小的物质温度上升较快

10.2
热和功

热具有能量，热量代表热能的大小。当热作用于物体时，物体的温度会发生变化，因为热是能量的载体。

▶▶ 1. 热能

物质的分子运动受到热量的影响后变得活跃，热量会增加分子的内能并提高物体的温度。如图 10-4 所示，热量表示热传递的能量的大小，在机械工程中，把与热有关的内能称为热能。

图 10-4　热和热量

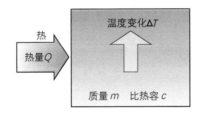

热是热量的传递
热量是传递的热能的大小

$Q = mc\Delta T$

Q：热量(J)　　c：比热容 [J/(kg·K)]
m：质量(kg)　　ΔT：温度变化(K)

▶▶ 2. 热量守恒定律

如图 10-5 所示，当两个温度不同的物体在一个封闭系统中相互接触时，热量会从高温物体传递到低温物体，从而达到热平衡。此时，高温物体损失的热量等于低温物体获得的热量，热量在整个封闭系统中保持不变，这就是所谓的热量守恒定律。

图 10-5　热量守恒定律

封闭系统

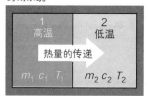

物体1失去的热量
$$Q_1 = m_1 c_1 (T_1 - T)$$
物体2获得的热量
$$Q_2 = m_2 c_2 (T - T_2)$$

热量守恒定律 $Q_1 = Q_2$

热量守恒定律的计算示例

将一个重 0.5kg，温度为 200℃的物体浸没在 2kg、温度为 20℃的水中，求热平衡后的温度。

假设水的比热容是物体比热容的 10 倍。

假设平衡后的温度为 $t^{※1}$。

物体失去的热量 $Q_1 = m_1 c_1 (t_1 - t) = 0.5 \times \boxed{c_1}^{※2} \times (200 - t)$

水获得的热量 $Q_2 = m_2 c_2 (t - t_2) = 2 \times \boxed{10c_1} \times (t - 20)$

根据热量守恒定律，∵ $Q_1 = Q_2$，∴ $20.5t = 500$，即 $\boxed{t = 24.4℃}$

※1：因为用于计算温差，所以温度单位仍为℃。

※2：水的比热容是物体比热容的 10 倍。

▶▶ 3. 热量和功

使物体在施加 1N 力的方向上移动 1m 即做了 1J 的机械功。热量（J）代表热能的大小，如果设计出相应的装置，则可以实现热能与机械功的转换。图 10-6a 所示为日常生活中可以体验到的从机械功转换为热能的例子，图 10-6b 所示为从热能转换为机械功的例子。在使用 SI 单位之前，热量的单位是卡路里（cal），1cal 表示将 1g 水从 14.5℃加热到 15.5℃所需的热量。相当于 1cal 热量的功为 1cal = 4.186J ≈ 4.2J，称为热功当量。图 10-6c 所示为用来测量热功当量的焦耳实验示意图。

图 10-6　热量和功

自行车后轮上的滚子制动器。制动器减少的动能转化为了增加的热能。始终标有"注意高温"的字样

a) 从机械功到热能：滚子制动器
※图片所示为SHIMANO公司制造的滚子制动器

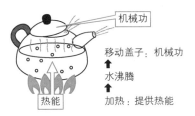

机械功

移动盖子：机械功

↑
水沸腾
↑
加热：提供热能

热能

b) 从热能到机械功

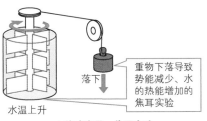

落下

水温上升

重物下落导致势能减少，水的热能增加的焦耳实验

c) 热功当量：焦耳实验

10.3
热力学第一定律

　　热在本质上与机械等的功一样，都是能量的一种形式。功可以转换为热，反过来热也可以转换为功。热量守恒定律即为热力学第一定律。

▶▶ 1. 热力学第一定律方程

　　物体内部具有的能量称为内能，其大小随系统热状态的变化而变化。如图 10-7 所示，用一个气缸和一个活塞将气体密封起来，并给予热量变化$+dQ$。当给予的热量全部有效地传递给气体，并且气体的体积变化导致活塞运动时，假设内能变化为$+dU$，机械功变化为$+dL$，则

$$+dQ = +dU + dL$$

　　该方程表示在与外部隔绝的系统中，能量既不会产生也不会消失，所有的能量只是会转换形式，但总量保持不变，这一能量守恒定律被称为热力学第一定律。热力学第一定律方程以提供的热量为基准，表示了物体的相对能量变化，符号如下。

　　1）设加热物体的热量为$+dQ$，冷却物体的热量为$-dQ$。

　　2）物体对外部做功为$+dL$，从外部获得的功为$-dL$。

　　3）物体内能的增加量为$+dU$，内能的减少量为$-dU$。

　　热力学第一定律方程只考虑热能的平衡，与内能 U 的绝对值无关。

图 10-7 热力学第一定律方程

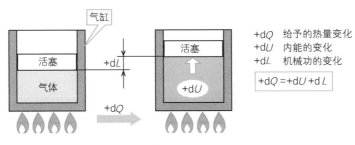

+dQ 给予的热量变化
+dU 内能的变化
+dL 机械功的变化

$$+dQ = +dU + dL$$

▶▶ 2. 气体中的热量变化和功

当加热封闭在气缸中的气体，使活塞从左端 1 处自由移动到右端 2 处时，纵轴表示压力 p、横轴表示体积 V 的图称为 p-V 曲线图（见图 10-8）。当气体热膨胀导致活塞发生微小位移时，就会产生微小的体积变化 dV，此时气体发生了热变化，并对活塞做了压力×体积变化的机械功，即 dL = pdV。如果活塞以近似恒定的压力 p 从左端移动到右端，则总功为 L = p（V_2−V_1），这个总功称为绝对功。气体的膨胀会产生机械功，由于假设气体在恒定压力下膨胀，因此称为等压变化。

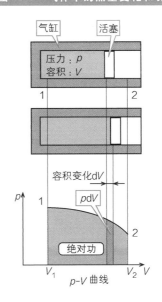

图 10-8 气体中的热量变化和功

▶▶ 3. 热平衡示例

下面用图 10-9 所示的装置来思考一下热力学第一定律方程。

1）从外部给予气体 200J 的热量，气体的内能增加了 150J。此时的未知数是对外部做的机械功 dL，因此

dQ=dU+dL，dL=dQ-dU=200J-150J=50J

因为 dL 是 + 的，所以是对外部放出了 50J 的能量。

2）当气体从外部获得 200J 的热量，对外部做了 150J 的功时

dQ=dU+dL，dU=dQ-dL=200J-150J=50J

因为内能增加，所以气体温度上升。

图 10-9　热平衡示例

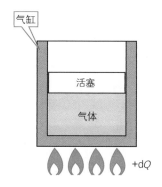

10.4

焓

在涡轮机等开放式系统中，存在工作流体的流入和流出。焓是开放式系统中的热力学第一定律的状态量。

▶▶ 1. 热能的总量：焓

如图 10-10a 所示，工作流体的焓用 H（J）表示，为内能 U 加上流体压力 p 和体积 V 的乘积 pV。pV 是能够对外做机械功的流动能量。焓 H 除以流体的质量 m，即 $h=H/m$（J/kg），称为比焓。

当图 10-10b 所示封闭系统中的工作流体在压力一定的等压变化中从状态 1 变为状态 2 时，流体的热量变化 $+\mathrm{d}Q$ 即为流体的焓变。由于工作流体内能的增加（温度升高）和因体积膨胀而产生的机械功是同时发生的，因此焓变方程和热力学第一定律方程与做功方程的合并结果相同。

图 10-10 焓

$$H=U+pV$$
$$h=H/m$$

H：焓(J)
h：比焓(J/kg)
U：内能(J)
p：压力(Pa)
V：体积(m^3)
m：质量(kg)

a) 焓

状态1　压力p　体积V_1　U_1

状态2　压力p　体积V_2　U_2

求从状态1到状态2等压变化情况下内能的变化

$$H_1=U_1+pV_1 \qquad H_2=U_2+pV_2$$

热量变化$+\mathrm{d}Q$是焓变。假设压力一定
$$\begin{aligned}\mathrm{d}Q&=H_2-H_1\\&=U_2+pV_2-(U_1+pV_1)\\&=(U_2-U_1)+p(V_2-V_1)\end{aligned}$$
$$\therefore \mathrm{d}U=\mathrm{d}Q-p(V_2-V_1)$$
$$\boxed{=\mathrm{d}Q-p\mathrm{d}V}$$

这个结果是
$$\begin{cases}\mathrm{d}Q=\mathrm{d}U+\mathrm{d}L & \text{热力学第一定律的方程}\\ \mathrm{d}L=p\mathrm{d}V & \text{做功的方程}\end{cases}$$
$$\therefore \mathrm{d}Q=\mathrm{d}U+p\mathrm{d}V=\mathrm{d}H$$
$$\therefore \mathrm{d}U=\mathrm{d}Q-p\mathrm{d}V \qquad \text{相同}$$

b) 考虑等压变化的焓

▶▶ **2. 等容变化的焓**

在图 10-11 中，当给予容器中体积变化受限的流体热量变化 +dQ 的作用时，因为体积不变，所以机械功变为零，给予的所有热量都转换为内能，导致流体温度上升。

图 10-11　等容变化的焓

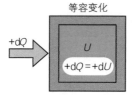

等容变化

dQ=dU+dL
等容变化中，因为机械功dL是0，所以
+dQ=+dU，内能增加，流体的温度上升

▶▶ **3. 焓的计算示例**

1）如图 10-12 所示，假设蒸汽在汽轮机入口的比焓为 3000kJ/kg，在汽轮机出口的比焓为 2000kJ/kg，汽轮机热损失为 30kJ/kg，求每千克蒸汽对汽轮机所做的功。

汽轮机得到的比焓：

d$h=h_1-h_2-h_t=3000-2000-30=970$（kJ/kg）

$L=mdh=1×970=970$kJ

2）假设一台每小时产生 15t 蒸汽的锅炉所用水的比焓为 500kJ/kg，所产生蒸汽的比焓为 3000kJ/kg，求所需的供热量。

d$Q=mdh=15×10^3×(3000-500)=3.75×10^7$kJ/h

3）求质量为 5kg、温度为 350℃、压力为 7MPa、体积为 0.18m^3 和内能为 $1.5×10^4$kJ 时的蒸汽的焓。

$H=U+pV=1.5×10^4+7×10^6×0.18×10^{-3}=16260$kJ

图 10-12　焓的计算示例

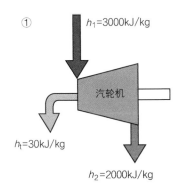

① $h_1 = 3000 \text{kJ/kg}$

汽轮机

$h_t = 30 \text{kJ/kg}$

$h_2 = 2000 \text{kJ/kg}$

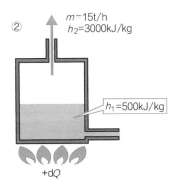

② $m = 15 \text{t/h}$
$h_2 = 3000 \text{kJ/kg}$

$h_1 = 500 \text{kJ/kg}$

$+\text{d}Q$

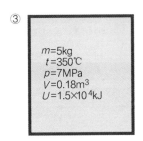

③

$m = 5 \text{kg}$
$t = 350 \text{℃}$
$p = 7 \text{MPa}$
$V = 0.18 \text{m}^3$
$U = 1.5 \times 10^4 \text{kJ}$

10.5

卡诺循环

当利用工作流体将热能转换为功时，最有效的理想可逆循环是卡诺循环。

1. 热机循环

图 10-13 所示为从热能获得机械功的典型状态变化。

图 10-13　热机循环

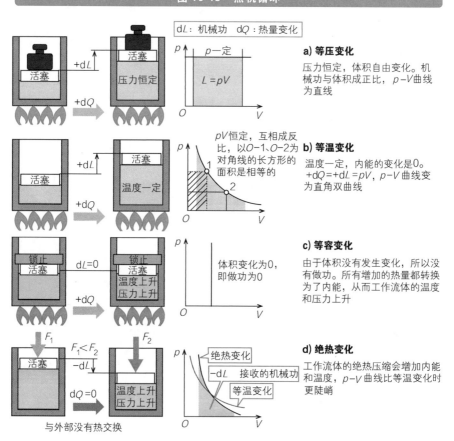

d*L*: 机械功　　d*Q*: 热量变化

a) 等压变化

压力恒定，体积自由变化。机械功与体积成正比，*p*–*V*曲线为直线

L = *pV*

*pV*恒定，互相成反比，以*O*–1、*O*–2为对角线的长方形的面积是相等的

b) 等温变化

温度一定，内能的变化是0。+d*Q*=+d*L*=*pV*，*p*–*V*曲线变为直角双曲线

c) 等容变化

体积变化为0，即做功为0

由于体积没有发生变化，所以没有做功。所有增加的热量都转换为了内能，从而工作流体的温度和压力上升

d) 绝热变化

工作流体的绝热压缩会增加内能和温度，*p*–*V*曲线比等温变化时更陡峭

绝热变化

–d*L*　接收的机械功

等温变化

与外部没有热交换

▶▶ 2. 卡诺循环

图 10-14 所示是作为热机基础的卡诺循环。卡诺循环是热力学上理想气体的理想可逆循环，能够在高温热源和低温热源之间双向传热。图 10-14 中，热量按照 1➡2➡3➡4➡1······ 的顺序从高温热源传递到低温热源，从而对外做机械功，也称为正向卡诺循环。当气体膨胀、体积 V 增大时，1➡2➡3 将活塞推出，对外做功，3➡4➡1 活塞在外力作用下返回，准备进行下一次做功。

系统效率 η 的计算表明，效率随着温差的增加而增加，但同时效率也不可能为 1。要使效率为 1，必须 $T_2 = 0$，因为根据定义，在绝对零度时，机械的运动也会停止。

图 10-14 卡诺循环

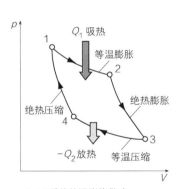

1➡2受热等温膨胀做功
2➡3短时间膨胀，不包括热源和负载
3➡4由于向低温热源散热而收缩
4➡1在短时间内受外力作用体积缩小

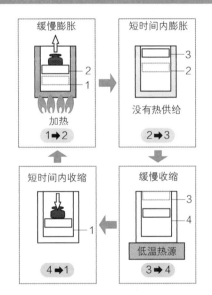

对于工作流体，热量为 Q，质量为 m，比热容为 c，温度为 T，由吸收的热量和散失的热量得出
系统的吸热量 $Q_1 = mcT_1$　　$\dfrac{Q_1}{Q_2} = \dfrac{mcT_1}{mcT_2} = \dfrac{T_1}{T_2}$
系统的放热量 $Q_2 = mcT_2$

系统的效率 $\eta = \dfrac{吸热量 - 放热量}{吸热量} = \dfrac{Q_1 - Q_2}{Q_1} = 1 - \dfrac{Q_2}{Q_1} = \boxed{1 - \dfrac{T_2}{T_1}}$

第10章 热和机械

10.6

热力学第二定律

不存在效率为 1 的热机，能量的转换只能沿着特定的方向进行，而是不可逆的，这是热力学第二定律的一部分。

▶▶ 1. 热力学第二定律

如图 10-15a 所示，两块木头摩擦会产生热量，但是如图 10-15b 所示，当对接触的两块木头加热时，木头并不会自发地移动。这说明，将机械功转换为热能很容易，但将热能转换为机械功却需要智慧。另外，在图 10-15c 中，并不是所有的机械功都转换成了木头的热能，因为存在机械功散失到大气中等损失。从图 10-15d 可以看出，热机的效率总是小于 1。这可以表述为"不存在效率为 1 的热机，能量的转换只能沿着特定的方向进行，而且是不可逆的"，这就是所谓的热力学第二定律。

图 10-15　热力学第二定律

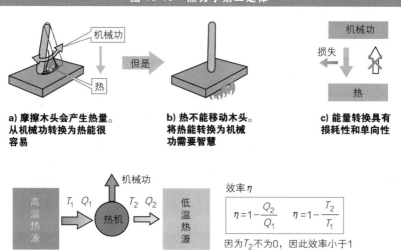

a) 摩擦木头会产生热量。
从机械功转换为热能很容易

b) 热不能移动木头。
将热能转换为机械功需要智慧

c) 能量转换具有损耗性和单向性

效率 η

$$\eta = 1 - \frac{Q_2}{Q_1} \qquad \eta = 1 - \frac{T_2}{T_1}$$

因为 T_2 不为 0，因此效率小于 1

d) 热机的机械功和效率

▶▶ 2. 熵

如图 10-16a 所示，忘记喝的咖啡会自然变凉，如果什么都不做它不会再次变热。热力学第二定律使我们在日常生活中遇到的不可逆现象成为定律。请看图 10-16b、c、d，这是一个没有外部热量进出的封闭系统模型。熵是表示热量变化的状态量，熵增原理源于图 10-16d，即"自然变化系统的熵会增加"。

图 10-16 熵

a) 自然冷却的咖啡

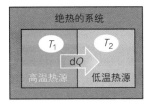

b) 自然变化的模型

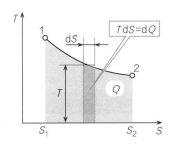

c) 图b的 T-S 曲线

为了观察图b系统的情况，请考虑

熵 S(J/K)

为了观察不同时刻系统的变化，请看图d

熵的变化 $dS = \dfrac{dQ}{T}$

高温热源，因为失去热量　　$dS_1 = -\dfrac{dQ}{T_1}$

低温热源，因为获得热量　　$dS_2 = \dfrac{dQ}{T_2}$

整个系统的熵变化为　　$dS = dS_1 + dS_2 = -\dfrac{dQ}{T_1} + \dfrac{dQ}{T_2} = dQ\left(\dfrac{1}{T_2} - \dfrac{1}{T_1}\right)$

$T_1 > T_2$，所以 $\left(\dfrac{1}{T_2} - \dfrac{1}{T_1}\right) > 0$ 　$\therefore$ $dS > 0$

自然变化系统的熵会增加：熵增原理

d) 图b变化的情况

第10章 热和机械

10.7
汽油机

现在，依赖化石燃料的汽油机将向着什么样的方向发展，被认为是一个很大的课题。下面来了解一下作为热机代表的汽油机。

▶▶ 1. 奥托循环

图 10-17 所示的奥托循环被称为等容循环，因为工作流体是在恒定的体积下实现热量的进出，这也是通过火花点火的汽油机的原理。流体从活塞的下止点（气缸体积最大）被压缩到上止点（气缸体积最小），处于最小体积的流体受热，在绝热膨胀到下止点的过程中对外做功，在下止点排出剩余的热量并再次循环。理论热效率 η_0 是根据受热和散热过程中的温差确定的，计算公式如下。

$$\eta_0 = 1 - \frac{T_4 - T_1}{T_3 - T_2} \quad (1)$$

另外，由下止点的气缸体积 V_{14} 和上止点的气缸体积 V_{23} 可以得出

$$\eta_0 = 1 - \left(\frac{1}{\varepsilon}\right)^{K-1} \quad (2)$$

压缩比 $\varepsilon = \dfrac{V_{14}}{V_{23}}$　比热容比 $K = \dfrac{\text{定压比热}}{\text{定容比热}}$

这样的话，变为公式（2）

图 10-17 奥托循环

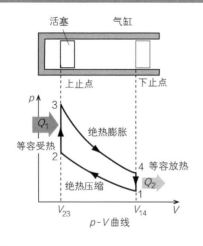

1 ➡ 2绝热压缩：在外力作用下压缩气体
2 ➡ 3等容受热：压力随温度升高而增加
3 ➡ 4绝热膨胀：体积膨胀对外做功
4 ➡ 1等容放热：做功后排出剩余热量

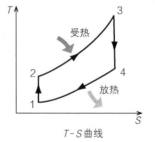

p-V曲线

T-S曲线

▶▶ 2. 四冲程汽油机

反复压缩和膨胀的汽油机是以等容循环的奥托循环为基础的具有代表性的实用热机。在理想的奥托循环（见图 10-18a）中，工作流体是封闭的，并反复受热和放热。图 10-18b 中的四冲程汽油机是一种内燃机，其热源是汽缸内的工作流体本身，因此需要一个排气和进气过程来交换燃烧流体。根据执行这一任务的进气阀和排气阀的驱动方式，可以实现各种发动机配置。

图 10-18　四冲程汽油机

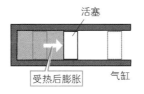 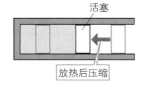

a) 奥托循环的膨胀和压缩

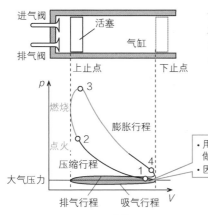

1 ➡ 2绝热压缩：外力压缩空气与燃料的混合物
2 ➡ 3等容受热：混合气体瞬间燃烧，压力上升
3 ➡ 4绝热膨胀：燃烧气体的体积膨胀，对外做功
4 ➡ 1等容放热：做功后排出剩余热量

- 用新的混合气体替换气缸内已完成做功的气体
- 因此需要进气和排气行程

四冲程汽油机之所以为四冲程循环，是因为奥托循环分为四个步骤：压缩行程 ➡ 膨胀行程 ➡ 排气行程 ➡ 吸气行程

b) 四冲程汽油机的行程

狄塞尔循环

柴油机和汽油机一样，都是典型的实用内燃机。下面介绍一下基本的柴油机狄塞尔循环。

▶▶ 1. 狄塞尔循环

图 10-19 所示为柴油机的工作原理：狄塞尔循环。当吸入气缸的空气被绝热压缩至高温高压，然后注入燃料时，燃料在没有火花的情况下自燃，并在恒压下进行燃烧。由于是在恒定压力下受热，因此称为等压循环。柴油机只吸入空气进行压缩，因此可以产生高压缩比，获得高效率。不过，为了避免异常燃烧和噪声，实际发动机的压缩比为 15~20。

狄塞尔循环的理论热效率 η_D 可根据受热和散热过程中的温差，以及每个活塞位置的气缸容积 V_1、V_2 和 V_3 确定，计算公式如下。

$$\eta_D = 1 - \frac{T_4 - T_1}{K(T_3 - T_2)} \qquad \eta_D = 1 - \frac{1}{\varepsilon^{K-1}} \frac{\sigma^K - 1}{K(\sigma - 1)} \qquad \varepsilon = \frac{V_1}{V_2} \quad \text{喷射截止比} \ \sigma = \frac{V_3}{V_2}$$

图 10-19 狄塞尔循环

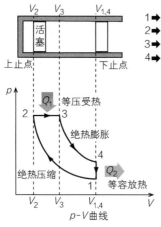

1➡2 绝热压缩：只压缩空气
2➡3 等压受热：从喷射燃料的自燃中吸收能量
3➡4 绝热膨胀：燃烧气体膨胀，对外做功
4➡1 等容放热：在体积一定的情况下放出热量

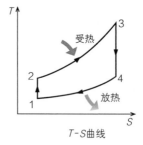

p-V曲线

T-S曲线

▶▶ **2. 例题**

以下是热机循环的例题。

【例题1：卡诺循环】

有一台卡诺循环热机，在 600℃ 的高温热源和 120℃ 的低温热源之间产生了 10kW 的功率。请计算该热机消耗的功率。

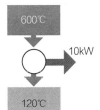

【答案示例】

首先，求得卡诺循环的热效率。

$$\eta = 1 - \frac{T_2}{T_1} = 1 - \frac{273+120}{273+600} = 0.55$$

$$\eta = \frac{输出}{输入}, \quad 输入 = \frac{输出}{\eta} = \frac{10}{0.55} = 18.2$$

消耗的动力：输入 − 输出 = 18.2 − 10 = $\boxed{8.2kW}$

【例题2：奥托循环】

请计算奥托循环发动机在以下条件下的热效率。

① $K = 1.3$、$\varepsilon = 5$；② $K = 1.2$、$\varepsilon = 10$。

【答案示例】

① $\eta_o = 1 - \left(\dfrac{1}{\varepsilon}\right)^{K-1} = 1 - \left(\dfrac{1}{5}\right)^{1.3-1} = \boxed{0.38}$

② $\eta_o = 1 - \left(\dfrac{1}{\varepsilon}\right)^{K-1} = 1 - \left(\dfrac{1}{10}\right)^{1.3-1} = \boxed{0.50}$

【例题3：狄塞尔循环】

假设狄塞尔循环的压缩比为 17.5，喷射截止比为 1.8，$K = 1.3$，求该循环的理论热效率。

【答案示例】

$$\eta_D = 1 - \frac{1}{\varepsilon^{K-1}} \frac{\sigma^K - 1}{K(\sigma - 1)} = 1 - \frac{1}{17.5^{1.3-1}} \frac{1.8^{1.3} - 1}{1.3(1.8 - 1)} = \boxed{0.53}$$

第10章 热和机械

10.9

布雷敦循环

布雷敦循环是将燃烧的气体吹向叶片以产生旋转功的循环，例如用于发电的燃气轮机和喷气发动机。

▶▶ 1. 布雷敦循环

如图 10-20 所示，在布雷敦循环中，高温、高速的燃烧气体流入连接在旋转轴上的叶片，从而通过轴的旋转产生动力。它也被称为等压燃烧循环，大致可分为排出工作流体的内燃机开式循环和工作流体循环的外燃机闭式循环。闭式循环在过去也有一些实际例子，但现在开式循环是最常见的类型。理论热效率 η_B 计算如下。

$$\eta_B = 1 - \frac{T_4 - T_1}{T_3 - T_2} = 1 - \frac{1}{\gamma^{(K-1)/K}}, \quad 压力比 \ \gamma = \frac{p_2}{p_1}$$

图 10-20　布雷敦循环

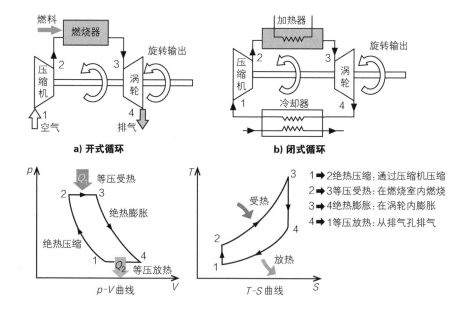

a) 开式循环　　　　　b) 闭式循环

1➡2绝热压缩：通过压缩机压缩
2➡3等压受热：在燃烧室内燃烧
3➡4绝热膨胀：在涡轮内膨胀
4➡1等压放热：从排气孔排气

p-V曲线　　　　　T-S曲线

2. 燃气轮机和喷气发动机

如图 10-21a 所示，燃气轮机是一种进行开式布雷敦循环的内燃机，燃烧器中产生的燃烧气体被喷入涡轮，带动与涡轮同轴的压缩机旋转，压缩进入的空气并将其送入燃烧器。在飞机喷气发动机中，通过涡轮的燃烧气体从喷嘴喷射出来，通过喷射的反作用力产生推力。图 10-21b 所示为涡轮风扇发动机，它是目前飞机喷气发动机的主要类型。除了喷嘴的推力外，它还利用了安装在压缩机前的大直径风扇向后送风的反作用力产生的推力。

图 10-21　燃气轮机和喷气发动机

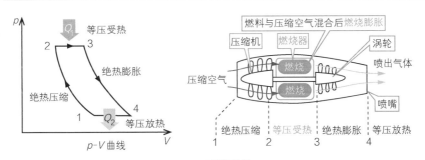

a) 燃气轮机

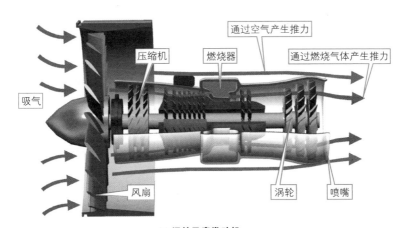

b) 涡轮风扇发动机

第10章 热和机械

10.10

兰金循环

使用汽轮机发电的蒸汽发电中的工作流体，会进行一种叫作兰金循环的状态变化。

▶▶▶ 1. 兰金循环

在图 10-22a 所示的兰金循环中，从泵 P 送入锅炉 B 的水被加热成蒸汽，这些蒸汽是湿度较高的湿蒸汽，在过热器中加热后，变成干燥、高温、高压的过热蒸汽。进入汽轮机的过热蒸汽为汽轮机叶片提供能量，然后变成低压蒸汽，在冷凝器中冷却后变为水，体积收缩，汽轮机入口和出口之间的压力差增大。冷凝水从蒸汽变回水，然后返回水泵进行循环。图 10-22b 中的再生循环将兰金循环汽轮机中的部分蒸汽用于预热锅炉供水，通过减少供给锅炉的热量，提高了整个循环的效率。图 10-22c 所示的再热循环是一种以少量能量供给产生大量过热蒸汽的系统，它将通过第一级高压汽轮机后的蒸汽再次加热后送入低压汽轮机。

图 10-22 兰金循环

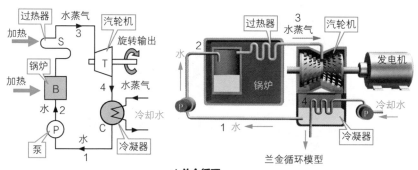

a) 兰金循环

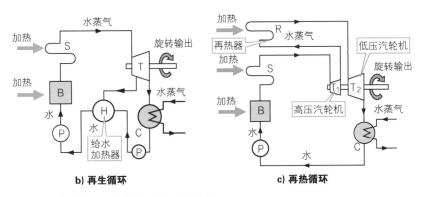

b) 再生循环　　　　　　　　　c) 再热循环

2. 联合循环和蒸汽机车的锅炉

图 10-23a 所示为结合了燃气轮机和汽轮机的联合循环发电示意图。燃气轮机排出的废气用作锅炉热源，产生蒸汽供应给汽轮机。压缩机、燃气轮机、汽轮机和发电机同轴连接，是一个高效的发电系统。

图 10-23b 所示为过热蒸汽机车（利用加热蒸汽的高效蒸汽机车）锅炉部分的示意图。热空气作为热源离开火箱后，通过烟管加热锅胴内的水，产生饱和蒸汽。饱和蒸汽从干燥管进入过热管，获得能量后的过热蒸汽从主蒸汽管进入气缸阀门，驱动连杆装置中的主动轮。

图 10-23　联合循环和蒸汽机车的锅炉

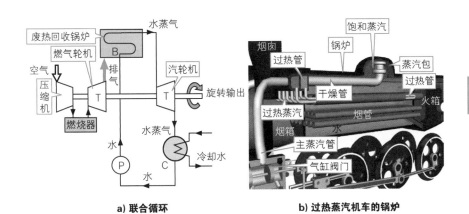

a) 联合循环　　　　　　　　　b) 过热蒸汽机车的锅炉

第10章 热和机械

10. 11

家庭中的过热蒸汽

蒸汽发电和蒸汽机车所需的高能过热蒸汽在家庭厨房中也发挥着积极作用,如蒸汽微波炉。

如图 10-24a 所示,在日常大气压力下加热水会产生 100℃的饱和蒸汽。饱和蒸汽处于气液平衡状态,冷凝和蒸发同时存在。蒸汽微波炉用加热器加热水,产生饱和蒸汽,然后用过热加热器进一步加热,产生过热蒸汽,吹入高度密封的烤箱内,用 300℃或更高温度的热气进行加热,如图 10-24b 所示。

图 10-24　家庭中的过热蒸汽

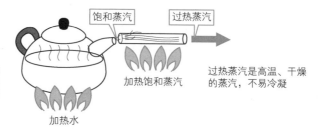

饱和蒸气是气体和液体的混合物,因此冷凝和蒸发同时进行,处于平衡状态

饱和蒸汽　过热蒸汽

加热饱和蒸汽

过热蒸汽是高温、干燥的蒸汽,不易冷凝

加热水

a) 饱和蒸汽和过热蒸汽

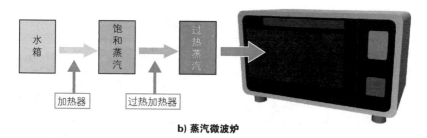

水箱　饱和蒸汽　过热蒸汽

加热器　过热加热器

b) 蒸汽微波炉